优雅气质，从礼仪开始

林纳 著

中国纺织出版社有限公司

国家一级出版社
全国百佳图书出版单位

内 容 提 要

本书是为现代女性量身定制的礼仪读本，内容涵盖商务礼仪、社交礼仪、仪态礼仪、服饰礼仪和沟通礼仪五大礼仪范畴，为女性朋友们介绍了在不同场合、不同场景与不同对象接触时所要遵循的礼仪规范，希望她们通过礼仪修炼，成为气质优雅的人。

图书在版编目（CIP）数据

优雅气质，从礼仪开始 / 林纳著. --北京：中国纺织出版社有限公司，2021.2

ISBN 978‐7‐5180‐8198‐1

Ⅰ.①优… Ⅱ.①林… Ⅲ.①女性—修养—通俗读物 Ⅳ.①B825.5‐49

中国版本图书馆CIP数据核字（2020）第222926号

策划编辑：刘 丹 责任校对：王蕙莹 责任印制：储志伟

中国纺织出版社有限公司出版发行

地址：北京市朝阳区百子湾东里 A407 号楼 邮政编码：100124

销售电话：010—67004422 传真：010—87155801

http://www.c-textilep.com

中国纺织出版社天猫旗舰店

官方微博 http://weibo.com/2119887771

北京通天印刷有限责任公司印刷 各地新华书店经销

2021 年 2 月第 1 版第 1 次印刷

开本：880×1230 1/32 印张：8

字数：150 千字 定价：59.80 元

推荐序

近 20 年的领导力教育生涯中，我一直对礼仪关注有加。一方面是觉察到了礼仪教育对领导者的重要性；另一方面是看到了礼仪教育薄弱的紧迫性。中国的教育培训界，讲礼仪的老师不难找，但说实在的，有内涵且实用的好老师凤毛麟角。

这种感觉，我在遇到林纳老师时释然了。听她的课只有那么短短的两次，一次是书香女神节，一次是名媛会上，两次给我的印象都是满分。她既是循循善诱的导师，又是以身示范的教练，和那种入眼不入心的老师迥然不同。

正是这样的缘分，2019 年我的爱商领导力课程在国内推出后，需要有一部分"美商"内容，几位组织者不约而同地想到了林纳老师。于是，她的课成了爱商课堂的亮点，每次上课大家都意犹未尽。

2020 年上半年，她把大部分的时间投放到这本书的写作上。功夫不负有心人，于是，就有了这本《优雅气质，从礼仪开始》。拿到书稿，我欣喜地发现林纳老师已经构建了一个新的礼仪体系：五章的逻辑非常严谨，前两章系统阐述了商务礼仪和社交礼仪两大领域的标准规范，这就好比是礼仪的两扇大门；后三章从仪态礼仪到服饰礼仪，再到沟通礼仪，逐渐带领读者领略优雅与气质的风采。

说到这本书的特色，就是鲜活实用，且有点哲理的味道。礼仪是视觉的艺术，作者深得其要领，用了许多插图来辅助表达；礼仪是语言的艺术，本书专门用了一章来讲沟通；礼仪更是心灵的艺术，许多地方都可以看到作者敲击人心的文字。比如谈到优雅，她是这样说的："所谓雅者，正也。优雅是一种美的标准，是关于美的主流的价值观。优雅的反义词是粗俗、粗鲁。所以，学习礼仪，让礼仪成为你通向优雅的行为规范……"

谈到成长，她是这样表达的："别把最好的时光，浪费在粗糙、粗俗的路上，让礼仪成为你收获优雅最好的天平，把这本书当成礼物送给自己，打开它，阅读它，用礼仪去开启你人生的优雅之旅。"

好书就是这样，读下来不仅长知识、学技能，还有一种让人升华的能量。

这本书的开篇叫作"写给向往优雅的你"，结语叫作"献给努力修炼气质的你"，我且把这两句话作为本书的内容概括，也把它作为对作者和读者的美好祝愿：优雅地前行，在气质的修炼中升华。

——联合国可持续发展奖获得者、中商国际管理研究院院长

杨思卓

序

写给向往优雅的你

没有人可以一直青春永驻，但我们可以因为优雅而一直魅力永存。因为时光带不走优雅，优雅是永不褪色的美。这就好像我们没有办法让新鲜的葡萄数年保持鲜嫩水灵，但我们却可以把葡萄酿成美酒，让它历久弥新，愈发珍贵。

比如，"酒中极品"——辛普森夫人，因为优雅散发的魅力，成就了真实的"美丽童话"。当王子第一次在舞会上见到优雅的辛普森夫人，就被她举手投足的仪态万方、谈笑风生时的怡然自若、款款移步时的风姿绰约所深深吸引。

在辛普森夫人的留世照片中我们可以领略到：优雅，不在于天生丽质，而在于仪态万方。所谓雅者，仪也。优雅是一种可以穿透时光的力量，经得起岁月洗礼。

再比如，"酒中经典"——奥黛丽·赫本。无论是东方还是西方，无论是不同国家还是不同民族，对美、对美人都有不同的观点和理念，但优雅，对奥黛丽·赫本，却是例外。奥黛丽·赫本，被誉为落入凡间的天使，因优雅而永远美丽。

所谓雅者，正也。优雅是一种美的标准，是关于美的主流的价值观。奥黛丽·赫本曾在遗言中写道：若想嘴唇漂亮，就要说友善的话；若想要美丽的眼睛，就要看到别人的好处；若想要苗条的身材，就要把自己的食物分给饥饿的人；若想要优雅的姿态，就要记住行人不只你一个。人之所以为人，是应该充满精力、能够自我悔改、自我反省、自我成长，而不是抱怨他人。随着年龄的增长，你会发现你有两只手，一只用来帮助自己，另一只用来帮助别人。

这是赫本的优雅主张，可谓"君子贵其身而后能及人，是以有礼"。哪怕到了生命的最后，她仍然心系难民儿童并奔赴在非洲土地上播撒着善良。这样的人间天使，哪怕是历经沧桑，都掩盖不了她清澈的眼眸、暖心的微笑、眉宇之间透露的从容淡定，以及仪态万千的举止。奥黛丽·赫本颠覆了我们对衰老的认知，增强了我们用优雅对抗青春不再的信心。

那么，我们如何才能像奥黛丽·赫本一样，成为优雅的人？

我的答案是：从礼仪开始，从这本书开始，把这本书当成礼物送给自己。

学习礼仪，让礼仪帮你通向优雅之路，让礼仪成为你收获优雅最好的桥梁，用礼仪去开启你人生的优雅之旅，让优雅惊艳岁月，让自己赏心悦目、备受欢迎、价值无限！

林纳

2020 年 10 月

目 录

第一章 商务礼仪

第一节　称呼礼仪：敬称他人，赢得好感　3

第二节　问候礼仪：传达诚意，完美破冰　8

第三节　握手礼仪：传递温度，表达尊重　12

第四节　见面礼仪：礼由心生，面面俱到　18

第五节　拜访礼仪：做客有道，备受欢迎　27

第六节　接待礼仪：迎来送往，宾至如归　34

第七节　介绍礼仪：八面来风，广结善源　45

第八节　位次礼仪：商务会晤，井然有序　52

第二章 社交礼仪

第一节　中餐礼仪：以礼待人，圆融社交　63

第二节　西餐礼仪：国际视野，礼遇社交　74

第三节　自助餐礼仪：自由社交，畅吃有道　88

第四节　下午茶礼仪：贵族腔调，风雅社交　92

第五节　葡萄酒礼仪：西餐伴侣，格调社交　101

第六节　咖啡礼仪：咖啡社交，品味时尚　110

第三章 仪态礼仪

第一节　站姿礼仪：挺拔自信，优雅出众　　121

第二节　坐姿礼仪：坐出健康，落落大方　　131

第三节　走姿礼仪：步态轻盈，走出气质　　140

第四节　微笑礼仪：暖心微笑，升温情感　　148

第五节　眼神礼仪：目光交流，自信有神　　154

第四章 服饰礼仪

第一节　穿衣规则：社交着装，得体至上　　163

第二节　面试着装：初次亮相，不同凡响　　169

第三节　职场新人：角色赋能，穿出情商　　175

第四节　职场精英：穿出亮度，呈现品位　　181

第五节　职场领袖：自成格调，品牌效应　　187

第六节　场景穿衣：恰当表达，自在从容　　194

第七节　妆容有礼：自信亮丽，颜值倍增　　202

第五章
沟通礼仪

第一节　语意沟通：表达有礼，有效沟通　　213

第二节　倾听有礼：沉默是金，纳善如流　　220

第三节　语气沟通：良言冬暖，恶言夏寒　　224

第四节　肢体沟通：态由心生，传情达意　　229

第五节　面试沟通：言值得当，脱颖而出　　235

第六节　会议沟通：胸有成竹，高效沟通　　241

后　记　献给努力修炼气质的你　　245

第一章

商务礼仪

第一节

称呼礼仪：敬称他人，赢得好感

与人交往，称呼当先。称呼是人与人在沟通交往中，用来表示彼此之间身份和关系的称谓语，以及由于身份、职业等而得来的名称。

所谓"小称呼，大学问"，看似简单的小称呼，既是人际交往中普遍存在的日常共识，又融汇社会学、心理学、语言学、伦理学、逻辑学等其中的奥妙。因为，称呼的意义不只是打开交流的第一扇门，更在于双方交融情感，为深层交流和交往奠定坚实的根基。

所以，称呼得当很重要，是对交往对象最直接的尊重。此外，称呼还体现着交往双方关系发展所达到的程度，恰当的称呼，有利于顺畅交往，促进双方互生好感。相反，称呼有失偏颇，容易导致对方不悦，致使交往局面尴尬，尤其是正式场合，称呼不当更是大不敬，甚至很可能成为商务社交的绊脚石。所以，人际交往时，称呼必须慎重对待。

称呼有礼，敬称他人

准确地称呼他人符合身份的称谓，是对对方最得体的尊重，是赢得对方好感的最直接的方式。在正式场合，称呼对方职务头衔，是对其工作能力的认可，更是对其职场地位的认可。

电影《穿普拉达的女王》中，"女王"米兰达带领两位助理去参加社交晚宴前，郑重其事地要求助理们背诵所有到场贵宾的名字、职务头衔等资料。以便在宴会中，当她与贵宾见面时，两位助理能够马上提醒她，让她能够准确无误地称呼贵宾们，以表达对贵宾们的尊重、重视。

常见的敬称他人的种类有以下七种。

▌ 行政职务称呼

这种称呼意在强调行政权力，旨在表达对对方身份的敬意。另外，正式的行政职务称呼是工作岗位和隶属关系的高效的表达，便于他人快速了解情况。职务称呼可以分成两种：

正式的场合：姓 + 名 + 行政职务称呼，例如：张秋芳董事长。

一般场合：姓 + 行政职务，例如：张董事长；或者在公司内部直接称呼职务，如董事长。

▌ 学术职称称呼

学术职称是对学术水平和受教育程度的认可和尊重，是对学识的尊称，是表达学术权威的专业头衔，如主任医师、教授、博士。举例：张教授、陈博士。

▌▌ 技术职称称呼

技术职称指的是强调专业技术方面的造诣或专业度，如工程师、会计等。举例：张工程师、陈会计。

▌▌ 行业称呼

在不知道对方具体职务、职称等情况下，适合采用行业称呼，如医生、护士、警察等。举例：张医生、陈护士。

▌▌ 性别称呼

商务交往中，当不了解沟通对象的具体情况时，采用以不变应万变的称呼方法，就是性别称呼，男性称呼先生，女性称呼小姐或女士。一般情况下，未婚女性称小姐，已婚女性或不明确婚姻状况者则可称女士。

▌▌ 姓名称呼

日常生活中同辈之间，职场中年级相仿的同级别人员之间，可以直称其名。非正式场合，上司称呼下属或前辈称呼晚辈，只称其名不呼其姓会倍感亲切。

▌▌ 别样称呼

职场称呼是企业文化的外在体现，也是企业管理风格的呈现。所以，在不同的行业，文化氛围大相径庭；在不同的企业，企业文化也截然不同，以至于称呼的原则也不尽相同。

比如欧美企业，在职场称呼的原则上相对宽松，目的是弱化等级概念，突出平等自由的文化理念。所以，无论是老板、高层还是新员工，都是互叫名字。

而我国传统行业的民企、国企，日资或韩资企业，企业文化比较讲究尊卑有序，讲究正统和规范，习惯以行政职务相称，来表达身份有别、敬意有加。

对于文化创意类公司，比如广告公司、动漫公司等，会用特别的代号进行称呼，比如用恐龙、盒马、蒲公英等代替职务称呼，甚至代替姓名称呼。但这种别样称呼一般只适合公司内部的员工的相互称呼，在正式场合，还是遵循职务性称呼居多。

谦称自己，一开口就体现修养

谦称自己是一种谦恭的表现，反映了说话人的内涵和修养。从另一个侧面也表达了对对方的尊重。其实，谦称自己是自古以来我们中华民族的优良传统之一。无论是帝王将相还是平民老百姓，都以谦称自己为习惯。

比如，帝王谦称自己"寡人"；在古代官员中，文官谦称自己"微臣"；武官谦称自己"末将"；老百姓谦称自己"鄙人"；老人谦称自己"老朽"等。

时至今日，我们谦称自己同样是美德，但要与时俱进。比如，与人见面时，当有人说："请问您贵姓？"我们可以谦称自己说："免贵姓……"面对尊长时，谦称自己为晚辈，如："晚辈张悦，久仰您大名……"

另外，在非正式的社交场合，自我介绍中，需要谦称自己时，尽量不用头衔，以免有妄自尊大之嫌。比如"我是张董事长""我是罗总经理"。除非是正式的工作场合，适合职务自称，方便高效处事而无须谦虚以外，非正式场合谦称自己，最好强调自己的职务而弱化自己的身份，如："我是张悦，是某公司的负责人"，这样既大方且能清晰地说明情况，又做到了谦虚谨慎。

称呼有方，赢得好感

称呼有序： 在社交、商务场合，一人向多人称呼时，称呼先后有序很重要，要注意亲疏远近和宾主关系，一般来说以先长辈后晚辈、先上级后下属、先女士后男士、先主人后宾客为宜。

称呼动听： 称呼对方职位时，就高不就低，是一种动听的称呼。因为除了是尊重的体现以外，也是一种隐含的祝福，祝愿其高升的意思。比如姓郑的副经理，可以就高不就低称之为郑经理。

主动称呼： 在日常见面交往中，面对尊长、客人、老师、前辈等要主动热情地称呼对方，传递温暖和善意，以示尊重、赢得好感，使双方的关系变得更加和谐、亲近。

第二节

问候礼仪：传达诚意，完美破冰

　　问候，其实就是寒暄。"寒暄者，应酬之语也。"问候是用于交际往来时礼节性的见面语，相当于见面时的开场白。旨在用诚意破冰，打破"僵"局，缩短人际沟通的心理距离，向沟通对象表达敬意，争取在问候寒暄中获得对方初步信任，为双方进一步交流、交往做好铺垫。

问候要暖心，用态度传递温度

问候即寒暄，暄是日字旁，代表太阳，意思是温暖，寒暄则有问寒问暖、嘘寒问暖的意思。所以，问候语的首要原则是：温暖、亲切、贴心，有利于消除陌生感，是让沟通变得顺畅的前奏。

问候是见面时最先向对方传递的信息。所以，问候要主动，态度要诚恳亲切，要面带真诚的微笑，双目友善地注视对方，语气热情友好，仪态大方、距离得当，这样的问候才能起到传情达意的效果。用态度传递温度，用温度感染对方，让对方充分感受到你的尊重，而不是流于程序、流于形式，以免对方有被敷衍的不良感觉。

问候要因人而异，实现完美破冰

在不同场合、不同时间段，面对不同的人，我们的问候方式和内容应有所不同。

▥ 三种适合陌生人间的问候方式

简洁式问候

这种问候方式特别适合陌生人之间初次见面时使用，比如"您好""早上好""大家好"。

仰望式问候

在比较庄重的场合，初次见面，可以用中国特色的问候语，比如"幸会""见到您很荣幸"。如果对方是有名望的人，也可以说"久仰"。

亲近式问候

初次见面问候时，以双方的共性为契机让彼此感觉到亲近。比如，用"同乡""同校""同姓氏"等作为连接情谊的桥梁。三国时期，鲁肃初见诸葛亮，说道："我，子瑜友也。"意思是：我是你哥哥子瑜的朋友。于是，在鲁肃亲近式问候之后，就开始奠定了两人的情谊。后来，在《三国志·鲁肃传》中用"即共定交"四个字来叙述两个人见面后马上建立的交情。

▐ 四种适合熟人间的问候方式

意会式问候

貌似提问，实际上只是表达问候的见面语。比如"好久不见，最近好吗""最近忙什么呢"等。这一类问语并不表示提问，只是见面时交谈开始的媒介语，所以并不需要详细回答。这类问候主要用于熟人之间的问候，尽量不用于刚认识或不熟悉的人，以免让对方因交浅不言深，不知如何回应而感到尴尬。

赞美式问候

问候时可以使用称赞的语言来拉开交流的序幕，因为每个人都喜欢被赞美。比如"你气色不错啊""你越活越年轻了"等。

节日式问候

熟人之间，佳节互致问候、相互问好、彼此问安，是中国传统文化的一部分。比如"过年好""端午安康""中秋快乐"等。

这类问候只是交流的开端，所以简单的嘘寒问暖就可以，不必深入交谈过多的内容。比如"今天降温，冷不冷？""今天过冬，吃饺子了吗？"通过季节变化、天气冷暖、风土人情、服饰款式等轻松的、易于回答的话题作为开场白即可，因为寒暄只是社交的前奏。

问候要有次序，奠定得体的沟通基调

一般情况下，双方在社交中，问候应是位低者先行，尊者居其后，也就是地位低者应先向地位高者问候，比如：晚辈应先向长辈问候，下级应先向上级问候，学生应先向老师问候，主人应先向客人问候。

当一人面对多人时，问候的先后顺序颇有讲究，尤其是在正式场合，问候的先后次序原则是：由尊而卑、由长而幼、由近极远。在非正式场合，则可以笼统地集体问候"大家好！"

第三节

握手礼仪：传递温度，表达尊重

  东方国家中，中国的拱手礼、泰国的合十礼、日本的鞠躬礼，这些礼节中，没有任何肢体接触，行礼甚至可以相隔一米以外，除了手势以外全靠眼神交流，表达尊重。西方人认为这样的表达太过平淡如水、淡而无味，没法表达出见面时应有的热情。故而西方国家的拥抱礼、吻手礼、碰鼻礼、贴面礼，都是通过肢体间的接触表达友善。但东方人认为西方人此等行礼举动太过于亲近、太过于热情而无法适应。

  而握手礼，正好兼容并蓄，于热情与含蓄之间，分寸有度，恰到好处。在安全距离中，握手是人与人之间，通过手掌与手掌之间的肢体接触，传递温度、表达友好，既不会有太亲热亲近的身体接触，又不会因只有手势和眼神的表达而淡而无味。

  握手行礼时：两人相向，身体直立，一臂为距，虎口张开，右手相握，目光对视，适当寒暄，自然收回，这是握手的要点与过程。另外，握手礼也表示祝贺、感谢、鼓励、支持、慰问、告别等。

  所以，握手礼是全球最通用、最受欢迎的见面礼节，被广泛应用于东方和西方的正式和非正式场合、官方和非官方场合、商务和社交场合等。

握手自带友善

追根溯源，无论是东方还是西方，握手的目的都是或示好或言和或表达友好。

传说西方握手礼起源于古代战争期间，当时骑士们都穿盔甲，除两只眼睛外，全身都包裹在铁甲里，随时准备冲向敌人。如果要表示和平友好，在走近对方时就要脱去右手的甲胄，伸出右手，表示没有武器，并互相击掌表示友善。后来，这种相互示好的击掌，演变成右手与右手相握并流传下来，就成了今天的握手礼。

传说东方的握手礼来源于原始社会。早在远古时代，人们以打猎为生，世界对他们来说是充满危险的。因此，人们手上经常拿着石块或棍棒等"武器"。当陌生人相遇时，如果双方都怀有善意，便伸出一只手来，手心向前，向对方表示自己手中没有石头武器，走近之后，两人互相摸摸右手，以示友好。这种习惯逐渐演变成今天的握手礼节。

握手握出好人缘

握手，看似简单却内涵丰富，学习握手礼仪，赢得社交好印象，握出好人缘，握出事半功倍的好效果。

▍传递温度，表达尊重

握手礼，主要用掌心和眼神传递温度、传递友好。握手时，双方虎口打开，尽量握满掌心，表示真诚、尊重和热情。因为掌心传递温度，所以不要在握手时佩戴手套，否则会产生隔阂。如果戴着手套，握手前要先脱下手套。若实在来不及脱掉，应向对方说明原因并表示歉意。

男士与男士握手，女士与女士握手，这类同性别人士之间握手，握满掌心比较自然。但男士与女士之间握手通常会比较拘谨。其实，男士和女士因工作关系握手，双方最好也握满掌心，如果只握手指容易给人不够大方、不被尊重的感觉。因为掌心是传递温暖的地方而并非手指。当然，如果在社交场合中，女士与男士握手，女士为了表示优雅、含蓄，用捏握的方式只握手指的部分也无伤大雅。所以，不同场合，握手细节要斟酌，要区别对待。

在握手时，通过眼神表达温暖和敬意也很重要，因为只有把对方看在眼里，对方才能把你的好印象记到心里。握手是有效社交的第一步，而握手的眼神交流则是有效的心灵沟通。因此，切忌握手时目光左顾右盼，心不在焉，更不要戴墨镜与人握手，以免失礼。

▍神形兼备，传情达意

握手时，欠身、微微弯腰，是自谦的举止表达，可以给人良好的印象。由此可见，体态的小细节表达出来的态度是大不同的。

握手时双方的距离应该以一米为宜，太近容易显得咄咄逼人，太远又会显得傲慢和清高。

与人握手时应用右手，同时左手要规范放置，切忌揣口袋、捂肚子。

不要掌心向下握对方的手，以免让对方感受到强烈的被支配欲。

另外，握手时神态要专注，面含微笑，以示尊重。握手时切忌面无表情、敷衍了事、傲慢冷淡。只有神形兼备的握手礼，才能有效地传情达意。

握手得当，让人舒服不尴尬

握手四式

垂臂平等式

适合应用于初次见面，尤其适用于商务场合比较正式的见面，方法是双方握手时，右手双握，而左手手臂自然下垂于身侧，几乎垂直于地面，双方之间肢体交流平等、自然，以表达尊敬，体现郑重。

双臂热情式

双手同时抱住对方的右手行礼握手，一般情况下，初次见面不太适合用双臂热情式。此法适用于熟人之间，表示故友重逢，心情激动；表示对尊长的热情欢迎与慰问；表示对某人热烈的祝贺等。

背臂恭敬式

右手与人握手时，左手背于身后。社交场合中，背臂恭敬式表达对对方高度尊重、敬仰，同时也体现行礼方处世谦和的素养。也常用于服务行业，表达服务人员的恭敬和谦卑。

拍臂认可式

右手与人握手的同时，再用左手拍对方的手臂，多用于朋友之间、同辈之间、同事之间，表达夸奖信赖的情真意切，也常见于上级对下级表达认可、嘉许、信任。

▍握手的先后次序

握手次序的黄金准则：位尊者先行，位卑者积极回应

在礼仪中，位尊者和位卑者的概念是相对的，不是绝对的。比如，位尊者是长辈，位卑者就是晚辈。如此区分，主要是表达晚辈对长辈的敬意。握手时，由位尊者来决定是否愿意、是否有必要与位卑者握手，因为握手往往意味着进一步交往的开始，所以，把握手的主动权交给位尊者是一种尊重。

先后次序

上级与下级握手，职位高的人先伸手；长辈与晚辈握手，长辈先伸手。

社交场合，女士与男士握手，女士首先伸手；主人与客人握手，主人先伸手表示欢迎。

▍握手的时间和力度

握手时力度的大小与时间的长短往往能够表达握手人对对方的态度。

握手的时间要恰当，长短因人而异。握手的时间控制的一般原则可根据双方的熟悉程度灵活掌握。比如，如果握手双方是久别相逢，或晚辈跟年迈的尊长握手，可以握久一些，表达情谊。与尊长、贵宾握手时，如果伴随寒暄问候，时间要久一些，示交情而定。但不能握得太久，以免对方不自在而产生尴尬。初次见面握手时间不宜过长，时间一般以 1 ~ 3 秒为宜。

握手的时候一定要注意力度，既不能过于发力，否则会让对方觉得你有强烈的支配欲，也不能软绵无力，让人感觉你在敷衍应付。如果双方都是身材高大、身强力壮之人，握手的力度可以偏大些；跟女士握手，力度相对要轻一些。

握手的力量，无言胜有言

美国著名盲女作家海伦·凯勒曾经说过："我接触过的手，虽然无言，却极有表现力。有的人握手能拒人千里……我握着他们冷冰冰的指尖，就像和凛冽的北风握手一样。而有的人的手却充满阳光，他们握住你的手，能使你感到温暖。"简单的握手，看似平常，却可以传递很多信息。双手相握，可以表达真情切意、尊重友善，也可以传递出虚情假意、敷衍应付、冷漠与轻视……虽然握手只有短短的几秒钟，但是无言胜有言。所以，要重视握手礼仪，恰到好处地与人握手，握出好印象，握出好人缘。

第四节

见面礼仪：礼由心生，面面俱到

在国内外交往中，身处不同的国家和地区，面对不同的场合和情景，置身于不同的角色与身份中，我们不仅要掌握世界通用的握手礼仪，很多时候我们还要"入境问禁""入乡随俗"，以表敬意。所以，我们很有必要了解和掌握不同国家和地区的有代表性的、常用的见面礼仪，以便游刃有余，应对自如。

据记载，在清朝的乾隆年间，中英两国之间有过因见面礼而发生冲突的事件。1792年，英国乔治三世派马戛尔尼率领庞大的使节团访华，以给乾隆皇帝祝寿的名义，来扩大双方的通商。当马戛尔尼被带到紫禁城太和殿，要求他向乾隆皇帝行跪拜礼时，他却拒绝，而坚持要行英国的礼节单膝跪地。

这次"见面礼之争"，无疑给两国首次通使往来造成了负面影响。

见面礼是人与人见面之际、向交往对象表达尊重的行为规范。行为规范是见面礼的表达形式，而尊重对方是见面礼的核心所在。

虽然各国见面礼的表达方式不尽相同、各有千秋，但目的都是表达敬意。礼由心生，尊重由心而生为之敬，因为敬，所以很有必要灵活选择见面时的表达形式，做到因人而异，面面俱到。

既高效又便捷的见面礼

▌ 点头致意礼

行礼时，面带微笑，眼睛看向行礼对象，轻轻点一下头即可，幅度不必太大。点头致意礼是特别简便的礼节，当遇上人多的场面，受时间、距离、空间等因素所限制，无法——行其他见面礼时，都可以用简单方便的点头致意礼代替，以示尊重。尤其适用于不宜交谈的场合，如严肃的会场、剧院、影院等。

▌ 举手致意礼

举手致意礼与点头致意礼的适用场合大致相似，也是很简单有效的致意方法。特别适合向距离较远的熟人打招呼，行礼时面向对方，伸出右臂，右手掌心朝向对方，五指自然并齐，手掌举起高于肩部。

▌ 起立致意礼

一般用于比较正式的场合，面对德高望重之人到场时，在场者起立致意，表示欢迎和尊重之意。

举手致意礼

充满民族特色的见面礼

▉ 拱手礼

拱手礼是中华民族特色的见面礼仪，也是华人最经典的行礼方式。行礼时，双腿站直，上身挺立，面带微笑，双手互握，一般情况下，男士右手握拳在内而左手在外，女士左手握拳在内而右手在外，双手合抱于胸前，有节奏地晃动两三下即可。

拱手礼广泛应用于农历新年期间，华人向亲朋好友拜年时。也常常用于向长辈祝寿，向平辈恭贺结婚生子、晋升乔迁等。此外，外国友人来到中国"入乡随俗"，与我们见面时也使用拱手礼表达友善。

拓展阅读

在行拱手礼时，很多人纠结于到底哪只手在内，哪只手在外。这个问题在古代是特别讲究和重视的。据《说文解字注·手部》记载："谓沓其

拱手礼

手，右手在内，左手在外。男之吉拜尚左，女之吉拜尚右。 凶拜反是。 九拜必皆拱手。"意思是，行拱手礼时，因为中国古人以左为敬，所以行礼时通常左手在外，右手在内，以示敬人。若遇丧事，行拱手礼则正好相反，左手在内，右手在外。 女子行拱手礼时，左手在内，右手在外，这是因为男子以左为尊，女子以右为尊的缘故。

▊ 碰鼻礼

行礼过程中，主人与客人必须鼻尖对鼻尖，连碰两三次或更多的次数。因为碰鼻的次数与时间的长短，往往标志着礼遇规格的高低，也就是说鼻尖相碰次数越多，时间越长，即说明礼遇越高。

行碰鼻礼时，要重点注意一点：在鼻子前伸的一刹那，眼睛要微闭。因为碰鼻时睁着眼，是一种不信任对方的表现。

极具东方格调的见面礼

▊ 鞠躬礼

鞠躬礼主要表达"弯身行礼，以示恭敬"的意思，见面行礼时，身体正站，双目凝视受礼者，然后上身鞠躬弯腰行礼，男士鞠躬双手最适合贴放于身体两侧的裤线处，女士鞠躬双手最好下垂搭放在腹

鞠躬礼

前，以示敬意。

　　鞠躬行礼时，可根据对方的年龄、辈分等鞠躬的角度也略有不同，辈分越高，对对方鞠躬行礼的度数可以越大。

　　以腰部为轴，整个上半身向前倾斜，下弯的幅度越大，所表示的敬意程度就越大。鞠躬礼作为见面礼广泛应用于日本和韩国，在我国，一般情况下，鞠躬度数控制在 15 度 ~30 度即可，90 度属于深鞠躬，仪式感最重，一般用于追悼会告别仪式，或传统中式婚礼的夫妻对拜，又或因犯了极其严重的错误而表示忏悔和谢罪。

▋ 合十礼

　　合十礼最初仅为佛教徒之间的拜礼，目前广泛用于印度、泰国、缅甸、老挝、柬埔寨、尼泊尔等信奉佛教的国家的见面拜礼。

合十礼

　　见面时遇到不同身份的人，行合十礼的姿势也有所不同。按照隆重程度由低到高分为三个等级：站合十礼、蹲合十礼、跪合十礼。

　　站合十礼：具体做法是行礼时，身体直立，双掌合于胸前，十指并拢，指尖向上，身体微微前倾，微微低头，以示尊敬。站合十礼就是我们常常看见的民众之间、平级官员之间站着相拜行礼。

　　蹲合十礼：常常用于地位低者向地位高者行礼，如拜僧人或尊长时要半蹲行礼。

　　跪合十礼：平民拜见国王或王室重要

成员时，男女均须跪拜。常见于泰国的官员跪拜皇室成员、佛教徒跪拜佛祖时。

弥漫西方色彩的见面礼

▍拥抱礼

拥抱礼广泛流行于欧美各国熟人之间，是表达亲密感情的一种见面礼节。也多用于官方会见时领导人之间见面行礼的场合。

行拥抱礼时，通常是两人相对而立，各自举起右臂，右手搭在对方左后肩，左手扶住对方右腰后侧，但并非抱住对方的腰部，以免造成误会，彼此头部及上身向左侧相互拥抱。

在隆重的场合，一共要拥抱 3 次。首先各向对方左侧拥抱，然后各自向对方右侧拥抱，最后再向对方左侧拥抱。但在普通场合，不必讲究拥抱的次数，一般 1 次即可。

一般情况下陌生人之间初次见面不行拥抱礼。商务交往中第一次见面多以握手表示，但第二次见面时迎接的礼节很可能是拥抱礼。在我国，普通的社交场合一般不拥抱，而涉外交往中因尊重对方的风俗习惯也会行拥抱礼。

▍贴面礼

贴面礼是常见于欧洲各国的见面礼。行贴面礼时，双方互相用脸颊碰一下，一般情况下嘴唇是不碰到对方脸颊的，只是嘴巴在空气中发出亲吻的声音。通常情况下从右脸颊开始，左右各碰一下。有的国家，比如荷兰贴面3次表达敬意，而比利时人的亲吻比较热烈，往往反复多次。

但并不是任何人都可以行贴面礼，只有在有感情基础的熟悉的人之间，或者自己认为对方是很亲切的人才行贴面礼。男女之间行贴面礼要看女方的态度，一般情况下如果女方主动伸脖子向男方行贴面礼，男方才可以热情地和女方行礼。

▮▮▮ 亲吻礼

亲吻礼是西方国家常用的见面礼，往往与拥抱礼相结合，即双方见面时既拥抱又亲吻。关于亲吻礼的来历流传最广的说法是，古罗马时期，因为严禁妇女喝酒，所以丈夫外出工作归来，都要检查一下妻子是否饮酒，见到妻子时便凑到她的嘴边闻一闻、亲一亲，久而久之，便逐渐成为夫妇见面时的第一道礼节，进而演变成人与人之间见面时的亲吻礼。

亲吻礼会因为见面双方关系的不同，亲吻的部位也会有所不同。夫妻、恋人或情人之间，宜亲吻嘴唇；长辈亲吻晚辈，宜吻额头或面颊；晚辈亲吻长辈，应当吻面颊。

彰显贵族气息的见面礼

▮▮▮ 屈膝礼

屈膝礼是西方上层社会的一种见面礼仪，在西方宫廷中较为常见，而普通民众在见到王室成员时通常也行屈膝礼，表示尊敬和崇拜。在西方文化中，女性的屈膝礼是与男性的鞠躬礼节相对应的。所以，屈膝礼同鞠躬礼的作用是基本相同的，相当于柔和的鞠躬了。

行礼时，含笑低头，一脚在前一脚在后，膝微屈。女士如果穿着裙装行礼，双手应轻轻把裙子展开到两边，如果裙摆太窄不能展开，或者穿裤装的话，双手放于身体两侧或自然垂放，屈膝行礼即可。

屈膝礼

▐ 吻手礼

吻手礼是流行于欧美国家贵族、上层社会之间的见面礼节。一般情况下，吻手礼的受礼者是已婚妇女或身份地位重要的女士。

行礼时，男士走到女士面前，立正身体微微前倾致敬，然后男士以右手或双手捧起女士的右手，弯腰俯身用自己微闭的嘴唇，象征性地轻吻一下其手背或指背，行礼部位切勿超过女士手腕以上部位。一般情况下行吻手礼时，嘴不应接触到女士的手，应该保持1~2厘米的距离，因为吻手礼的吻只是一种象征，所以也被称之为"闻手礼"。

时至今日，在社交场合，很多人都不拘泥于陈规，行吻手礼时也会用嘴唇触碰女士的手背。但不论是从前还是现在，吻手礼都不宜发出声响，不留"遗迹"在女士的手背上，以免失礼。

传说吻手礼是一种爱情文化的传承，起源于神话故事：宙斯爱上了凡间的丽达，于是将自己变成天鹅来与她邂逅。神话故事让天鹅变成一种爱情的象征，而因为吻手礼的动作与天鹅形似，所以吻手礼象征着爱情。与此不谋而合的是，吻手礼经常运用在求婚当中。求婚时，男士需要单膝跪地，请求女士伸出手来，如果女士答应求婚，男士将戒指戴在女士手上，然后，男士向女士行吻手礼。

脱帽礼

脱帽礼指见面时男士摘下帽子或举一举帽子，以表示见面时的致意或问好。现如今不太流行戴帽，但在古代的西方，戴帽是司空见惯的现象，而帽子可谓是社会地位的象征，更是所在阶层的标记。见面时，男士主动取下头上的"优越感"，表达敬意。社交场合，男士要行脱帽礼，但女士可以免礼。因为女士不脱帽子也不会被人认为是失礼行为，而男士则不享有此项特殊待遇。

脱帽礼可以分成两种：第一种是制服脱帽礼，比如军帽、船长帽等，通常应双手摘下帽子，然后以右手执之，端在身前；第二种是便服脱帽礼，既可以在正式场合完全摘下帽子施脱帽礼，也可以在非正式场合只要用右手微微一抬帽檐即可。

脱帽礼除适用于见面时之外，还延伸到庄重场合。现如今，在庄重场合，比如运动会上升挂国旗、演奏国歌时，无论男女都会自觉脱帽，以示尊重。

第五节

拜访礼仪：做客有道，备受欢迎

商务活动中，拜访是习以为常的交际方式。注重拜访礼仪，让自己在登门拜访之时成为受欢迎的客人，为更深入的商务合作铺垫良好的基础。

常言道，无事不登三宝殿，商务社交有"事"才约见，所以要珍惜拜访约见的机会，因为无论是拜访者还是受访者，双方都要付出时间成本，而在职场中，时间就是金钱，时间就是生产力，务必让会面更有成效。

拜访前的准备：凡事豫则立，不豫则废

《礼记·中庸》中说："凡事豫则立，不豫则废；言前定，则不跲；事前定，则不困；行前定，则不疚；道前定，则不穷。"凡事事前有准备就容易成功，没有准备就很可能失败。所以，拜访前我们要提前预约，并明确拜访的主旨和拜访的时机等。

▌ 事先预约，不做不速之客

提前预约是商务性拜访的惯例，一般情况下提前三天或一周进行联系，使对方有所准备便于安排。

▌ 明确拜访主旨的 4W1H 原则

What

指的是拜访的目的、意图、目标是什么？一般情况下，可以分成四大类：

①为了促成合作、签订合同。

②为了推进项目进展，达成共识。

③为了建立关系或增进情感。

④为了化解矛盾，赔礼道歉。

围绕不同的目标，做充分的准备，以便提高拜访的有效性。

Where

指的是在哪里见面。拜访地点一般是客随主便，以受访对象方便

为前提，可以是受访者的单位或办公室，也可以选择离受访者较方便的公共场所，如餐厅、咖啡厅等。

When

指的是什么时候见面。选择见面时间的前提是尊重对方的作息时间。商务拜访时间，应选择对方上班的工作日，尽量避开对方的用餐、午休时间和临近下班的时间。

Why

指为什么对方愿意接受我们的意图、合作、建议等。

要注意站在对方的角度考虑问题，运用利他原则，让对方心悦诚服地同意、接受我们的观点。认真分析准备方案，这样说这样做，受访者能不能够接受，为什么能接受？为什么不能够接受？

How

指的是怎样能让商务拜访更顺利、更成功。

▮▮ 再次确认

提前约好拜访时间后，最好在拜访前一天进行再次确认，以免出现临时变动。

▮▮ 人员安排

如果是商务会晤，多人拜访，应提前主动告知受访者到场的人员、职位等相关信息，以方便对方安排同等级的相关人员接待洽谈。一旦确定了拜访人员，就不宜临时变动或更换，以免影响对方的计划和安排。

▮▮ 形象管理

如果是特别重要的拜访，拜访者要提前做形象定位。深思熟虑受访者适合以什么样的形象呈现：是专业权威还是温婉亲切；是优雅知性还是雷厉风行。一切都要以此次拜访的首要目标为思路，明确形象定位后，要提前准备拜访的服饰，尽可能穿出受访者期待和认可的模样，衣着得体、形象专业是拜访者获得受访者信任的开始。

拜访时的应对策略：不因失礼而失信

▍ 如约而至，不做失约之客

如约而至，严格守时赴约是拜访礼仪的首要原则，也是最基本的尊重。失约或迟到均属不敬的行为，有损自己和单位的形象。如确实因意外或非常特殊情况，导致不能赴约或需要改期，务必及时通知对方，并亲自向对方致歉。

虽然迟到是无礼的行为，而太早到达也是不得体的表现，因为对方可能还没准备好接待事宜，可能会打乱对方的接待节奏。最恰当的赴约时间是提前 5~10 分钟到达即可。

所以，如约而至，不宜迟也不宜过早，时间把握要刚刚好。

▍ 静候通报，不做鲁莽之客

等候准备

到达拜访地点后，拜访者不得擅自闯入，应告知前台接待人员，简短地介绍自己的姓名、单位、职位等，最好能递上名片，然后告知接待人员所约见的对象和具体时间。

在等候过程中，少安毋躁，不要打扰别人工作，不要通过谈话来消磨时间，也不要总看手表，要静待通报，等候引见。

等候四准备

形象准备： 提前到达拜访地点后，可以先移步洗手间，再次确认整理好自己的仪容仪表，因为细节决定成败。代表着公司、单位、品牌进行拜访的你，仪表得体、衣着整洁，给予对方良好的印象，以最好的形象示人，至关重要。

表情准备： 当下的你，也许舟车劳顿，也许心事重重，也许精疲力竭，但为了表现你的专业，你需要敬业地唤醒自己，让自己看上去神采飞扬，以最佳的状态示人。

资料准备： 商务拜访讲究效率，在静候前台人员通报时，如果有时间可以再次整理一下洽谈的资料，再度熟悉资料的内容，以便以胸有成竹的心态示人。

心态准备： 心之所想必外现于体态，调整自己的站姿或坐姿，让体态既挺拔又舒展，在自信的同时充分体现谦恭，一谦一恭之间，以最受欢迎的姿态示人。

举止有礼，不做莽撞之客

通过接待人员的引见之后，正式与受访者会面之时，要举止有度。

施礼有度

如果与受访者是第一次见面，要先做简短的自我介绍；如果是熟人再次相见，只要互相简单问候即可。尽量寒暄有度，尽快进入正题，讲究效率，清楚直接地表达拜访意图。对于后来到达的拜访者，先到的客人应起身相迎，必要时站立等待受访者为双方做介绍。

落座三忌

忌讳抢先落座：可在接待方邀请入座时大方落座，如有尊长同时在场，尽量尊长坐后再落座。如果与其他客人同时而至，尽量相互谦让再落座。

忌讳目无尊长：作为晚辈，拜访做客，自己贸然主动落座尊位，无视尊长、无视拜访位次是不得体的无礼表现。

忌讳推辞再三：如果客人安排尊位让你落座，不必一而再，再而三地谦辞，大大方方地客随主便，按主人指示的座位入座，道声"谢谢"即可。

▌ 为客有方，不做冒失之客

为客有方

拜访过程中，受人欢迎的行为标准是《论语》中孔子提出的"非礼勿视，非礼勿听，非礼勿言，非礼勿动"，也就是在拜访过程中不合礼的话不能说，不合礼的东西不能看，不合礼的事情不能做。

目中有人

即用目光拉近双方的距离。在拜访过程中，交谈时注视对方的时间尽量达到30%~60%，以表达对交谈对象的尊重，对交谈内容的关注和重视。

心中有数

时刻不忘推进拜访目标。因为拜访时间有限，合理的商务拜访一般情况下控制在半小时到1小时之间。

▌ 适时告辞，不做难辞之客

《礼记》早有记载："侍坐于君子，君子欠伸，撰杖屦，视日蚤莫，侍坐者请出矣。"借鉴 2000 多年前的智慧,用在商务拜访中,可以理解为陪同于受访者身旁,如果看到受访者打哈欠伸懒腰等疲态,或是看表关注时间的早晚等,拜访者就该主动告退。另外,如果拜访时间已到,或拜访目的已达到,又或受访者要另外接见的其他客人已经到达等,拜访者都应及时告辞。

拜访者应尽量在友好和谐的气氛中结束拜访,给对方留下良好的末应效应,留下深刻的好印象,以便日后继续更好地合作。

拜访者告辞时,应主动与受访者握手,请送行的受访者留步,并向其致谢。如果受访者礼节性表示挽留,一般情况下我们仍须执意离去,并应向对方再次道谢道别,再次请主人留步,不必远送。

商务拜访,一般都是工作时间,除了要控制好拜访的时间与进度外,还要注意告辞时间应控制在下班前半小时以前为佳。所以,拜访时应惜时如金、适时告辞,不做难辞之客。

第六节

接待礼仪：迎来送往，宾至如归

中华民族从来都是好客的民族，古有孔子曰："有朋自远方来，不亦乐乎！"今有："来者都是客，定当以礼相待。"尤其在商务接待过程中，以周到流畅的节奏迎来送往，以得体恰当的方式待人接物，既表达了对宾客的热情与尊重，又表现了公司接待人员的能力与素养，还展示了公司的诚意与实力，从而让宾客宾至如归的同时，对接待方产生好感与信任，有利于促成合作与共赢。

候客诚心，主随客便

▓ 周密准备，胸有成竹

提前熟悉来访人员的基本信息，根据宾客的接待规格、来访目的，提前设计好接待流程，为其安排好食宿，并提前或及时告知宾客：包括下榻的酒店、迎接地点、日程安排等。再根据宾客的具体需求进行相关调整。

商务接待成功的秘诀在于细心照顾并尊重每一位客人的合理需求和喜好。尽可能了解宾客的身份、年龄、宗教信仰、饮食禁忌等，尊重差异、关注细节、周到严谨，让宾客舒心、放心、顺心。

▓ 有礼有节，诚心候客

办公室之外迎宾，相对于办公室日常迎接来说，程序更为复杂些，礼仪礼节要更加到位。

作为接待宾客的人员，应提前按双方约定的时间到达，恭候宾客的到来，切勿迟到让宾客久等。对远道而来的客人，要做好到车站、机场接站接机工作。

尽量安排与宾客级别对等或者稍微高一级的人员参与接待工作。若因某种原因，相应级别的人员不能前往，前去迎接的人员应向宾客作出礼貌的解释。

迎客有礼，热情有加

▌ 热情欢迎

宾客到来时应热情迎接，主动招呼，笑脸相迎。若与客人初次见面，首先问好，然后向对方自我介绍，一般情况下行握手礼，主动伸手与宾客握手，以示欢迎。如果客人是熟悉的宾客，直接称呼，行见面礼（根据主宾双方的远近亲疏关系、民族风俗特点选择不同的见面打招呼方式），寒暄问候即可。如果迎接的是大批的客人，接站接机时还要准备并高举"迎客牌"，迎客牌要有"欢迎×××"或"×××接待处"等字样，以便客人辨认。

对于需要高规格接待的宾客，可在指定场所或特定的地方举行欢迎仪式。迎宾迎接人员按职务的高低排列，排列方式可以是"一字式"或"并列式"。必要时可安排送花环节。送花要重视花语，选择代表"友好、欢迎"花语的花卉，如百合、向日葵、紫罗兰、满天星等。忌讳菊花、杜鹃花、石竹花等。如果是接待外宾，送花时，一定要尊重来宾所在国对花的禁忌风俗。另外，西方人送花一般是单数，但不能送 13 朵。

▌ 陪车安排

迎接客人前，应根据宾客人数协调准备合适的交通工具。接送宾客上车时，尽量按照先主宾后随员、先女宾后男宾的次序让宾客一一上车。接送尊长上下车时，则应一手拉开车门，一手遮挡门框上沿。

到达目的地停好车后，接待方应先下车开门，再请宾客下车。

商务乘车遵循的原则是让宾客坐在最安全最方便的尊位。对于尊位，因为车辆的类别不同而座次的尊卑会有所不同；同时，也因驾车人的不同，座位的尊卑也会有所差异。另外，多名宾客同时乘车时，还可以根据宾客的职位身份高低、亲疏关系等安排座位。

轿车接送

如果是司机驾驶，以后排右侧为首位，左侧次之，中间座位再次之，副驾驶的位置为末席。

如果由接待方主人亲自驾驶，以副驾驶的位置为首位，后排右侧次之，左侧再次之，而后排中间座为末席。因为接待方的主人亲自驾车，客人坐副驾驶的位置，便于主客双方平等交流。如果是接待方主人夫妇驾车陪同时，则主人夫妇坐前座，客人夫妇坐后座，男士尽量服务于自己的夫人，宜开车门让夫人先上车，然后自己再上车。

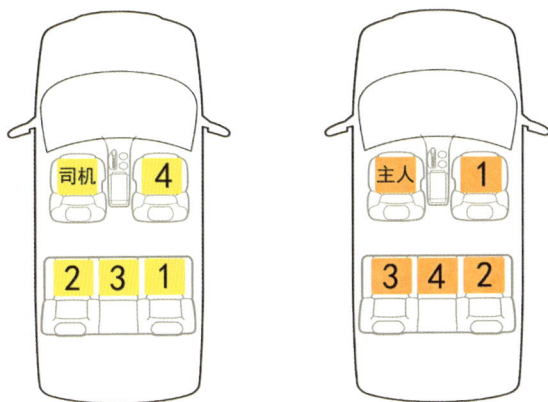

吉普车接送

无论是主人驾驶还是司机驾驶，都应以副驾驶的位置为尊，后排右侧次之，后排左侧为末席。

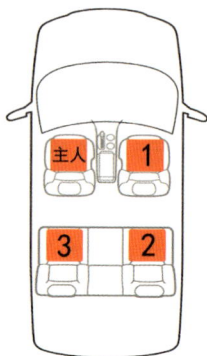

商务车接送

商务车一般是三排座位。

如果是司机驾驶，以第二排右侧为上位，左侧次之，第三排右侧再次之，副驾驶的位置为末席。

如果是接待方主人亲自驾驶，以副驾驶的位置为首位，第二排右侧次之，左侧再次之，末席在第三排的左侧。

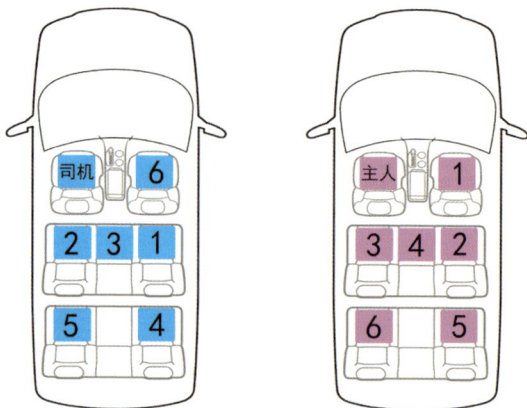

中巴车与大巴车一般都是司机驾驶，车的中间是过道，司机后面第一排的右侧为尊座。这个位子前面通常有扶手，同时又是离门最近的位置，方便宾客上下车，安全和方便两者都兼顾。然后由前向后，由右往左，离门的距离由近到远，位次则由高到低，如图所示。

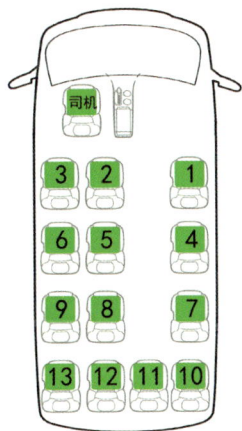

待客有道，情真意切

▎ 引领宾客

宾客到达目的地后，接待人员应走在宾客的左前方，把宾客引领到办公室或会客室等，进行进一步的交流。

引领宾客，指的是用手势和身体行进来带动宾客向某一方向行走。

引导时的方法、速度、手势及体位等都需要注意。

引领手势

（1）近距离的引领姿势

引领时，身体要侧向来宾，眼睛要兼顾所指方向和来宾，手势即五指伸直并拢，然后以肘关节为轴，手从腹前抬起，向右摆动至身体右前方，脚站成右丁字步，左手下垂，目视来宾，面带微笑。

（2）远距离的引领姿势

手势即五指伸直并拢，屈肘由腹前抬起，手臂的高度与肩同高，肘关节伸直，再向要行进的方向伸出前臂，直到来宾表示已清楚了方向，再把手臂放下。

引领方法

（1）走廊的引领方法

接待人员在宾客左前方约 1 米的位置引领。如果左右两边都没有障碍物，接待人员走在左侧，让宾客走在尊贵的右侧，引领时接待人员尽量走在外侧，让宾客走在相对安全和方便的内侧。

开始引领时，引领人的体态可以稍微欠身表示谦恭，要主动面向对方示意并友好地邀请宾客开始向某方位行进。

在引领行进过程中，与宾客保持 1 米左右的距离，目的是方便与宾客及时沟通，与宾客交流或进行引领介绍时，尽量让脸部面向对方以示尊重。

接待人员引领时行走的速度要以宾客的速度为参考，尽量保持与宾客协调一致的步调，不可以走得过快或过慢，或忽快忽慢以至于宾客无所适从。

引领时每当经过走廊拐角、水湿路滑或照明欠佳的地方时，需要以手势或语言温馨地提醒宾客"请留意××""请当心××"。

（2）楼梯的引领方法

引领宾客上楼时，应让客人走在前面，自己的位置尽量在宾客的后方。

步行到达指定楼层以后，面对初来乍到、不熟悉环境的宾客，可以快步向前进行引领，在宾客左前方约 1 米的位置继续进行引领。也可以在宾客后面用言语提醒宾客的行进方向以及相关注意事项，确保宾客安全便捷地向目的地行进。

引领宾客下楼时，接待工作人员尽量走在宾客的前面，让宾客走在后面。

（3）电梯的引领方法

引导客人乘坐电梯时，分两种情况。如果电梯里没有人，接待人员要先进入电梯，按住开关等宾客进入后关闭电梯门；如果电梯里有人，应请客人先于自己进入电梯，按住开关键等宾客进入后，接待人员再进入并关闭电梯门。

到达目的地的楼层时，接待人员应按住开关键，让宾客先离开电梯。

（4）出入房门引领

引领宾客进门时，尽量快步上前为对方开门，在门前引领时，如果是内推门，接待人员先进，宾客后进；如果是外拉门，请宾客先进，接待人员后进。

开关房门时，应尽量用右手开门、关门、推门、拉门，避免采用肘部推、膝盖顶、脚跟蹬等方式，这是无礼和粗鲁的行为。

▌▌ 诚心待客

商务接待，宾客一到，应主动欢迎，握手寒暄。若宾客到来时自己正在办理公务，应尽量停止手中事务，起身欢迎并请宾客落座。切忌忙于自己的事，使客人受到冷落。待客态度要亲切随和，避免让宾客有拘束不安之感。

如有先后两批客人来访，应一视同仁，不可冷落一方；宾客彼此若互不相识，应适时为宾客们互相介绍。

▌▌ 敬茶招待

敬茶是中国传统的待客礼节，无论什么季节、什么时间，客人来访，都可以先敬上一杯热茶。敬茶时必须注意以下几点：

冲茶

一般不用剩茶或旧茶待客以表敬意，冲茶换茶叶时注意茶盖要口朝上，茶杯可以在客人面前用开水再次冲烫以示干净。

倒茶

待客要"浅茶满酒"，所谓浅茶待客是尊重的表现，即为宾客倒茶不要太满，一般为杯子的 3/4 左右，茶色要浓淡均匀。

递茶

一般情况下，注意要右手递茶。递茶时应遵循先客后主的原则。如客人较多，应按级别或长幼依次敬上，从客人右侧递过茶杯，双手或右手递上。

对于有杯耳的杯子，通常是用一只手抓住杯耳，另一只手托住杯底，把茶水送给客人，随之说声："请用茶"或"请喝茶"。切忌用手指捏住杯口边缘往客人面前送，这样敬茶既不卫生，也不礼貌。

必要时准备坚果、点心、糖果等茶点以备客人享用，如果是一人一份的茶点最好放在客人左前方。

续茶

为宾客续茶要适量，无论宾客接受或婉拒，尊重其意愿即可，主随客便，宾主尽欢。

送客有礼，满意而归

▌▌ 恭送宾客

"出迎三步，身送七步"表达迎送宾客在接待过程中的重要性。恭送宾客是接待工作的最后一个环节，尽量以即将再次见面的心情，恭送宾客，在宾客心中留下好印象。

▌▌ 惜别宾客

如宾客提出告辞时，接待人员可以适当用言语挽留或欢迎宾客有机会再次光临。一般情况下，待客人起身后，接待人员再站起来相送，切忌接待人员不能先于客人起立相送，容易有逐客之嫌。

重要的贵宾应当举行欢送仪式，便于主客双方相互惜别。接待人员列队恭送贵宾，恭送的规格和方式可与欢迎仪式相仿，必要时还可安排献花。恭送贵宾时，适合用芍药花、杨柳、胭脂花、杉枝等表示惜别和祝福，如果送别的贵宾是国外友人，也要注意迎接客人时提到的送花的相关禁忌。

▋▍ 目送宾客

如果在门口、电梯口或机场，与宾客挥手、握手、拥抱等告别后，尽量要目送客人直到看不见对方的身影才离开，目送客人远去的过程中，如果客人回头打招呼，应挥手、举手或点头示意，等客人走远了再离开。

▋▍ 安排交通

恭送贵宾时可以按照接待时的规格送别，善始还要善终。并要妥善做好送客的交通安排，如购买车票、船票、机票或者安排车辆等。如果宾客离开，接待方不管不问，容易产生双方关系破裂之嫌。

▋▍ 礼尚往来

如果客人来访时带有礼品，那么在送别时也要礼尚往来，回馈宾客具有象征意义的、当地特色的礼品。

第七节

介绍礼仪：八面来风，广结善源

　　人际交往，相互认识，免不了一个重要的环节——介绍。无论是自我介绍还是介绍他人，都是有所侧重地说明自己或他人的相关情况。而"有所侧重"旨在根据场合、身份、目的、需求等因素，高效地进行自我情况说明，与人建立联系、留下好印象、得到信任、迎来商机。而成功地介绍他人旨在让被介绍的双方相互认识、增进了解、缩短距离、建立关系、促成合作。

　　恰当的介绍，是人际沟通的出发点，而有失偏颇的介绍，很可能既是人际交往的起点亦是终点。所以，很有必要学习介绍礼仪，让得体的介绍助你高效地扩大社交圈，让你八面来风，广结善缘。

自我介绍，把好印象留在别人脑海里

资深媒体人罗振宇在谈到自我介绍时曾说："要想在陌生人那儿建立一个好印象，最好的方式不是美化自己，而是把自己放到一个和对方相关的网络里。"

不同的场合，不同的身份，不同的意图，我们的自我介绍应有所侧重，把自己放进和对方相关的网络里，从而，把自己成功地"推销"出去，才会让别人记住你。

所以，自我介绍不只是报出响亮的名字而已，更要说出好印象。在做自我介绍时，我们要兼顾不同场合的实际需要，有针对性地表达自己。

不同场合的五种自我介绍方式：

▌ 工作场合：职务式自我介绍

以工作为重心的自我介绍内容往往包括：本人姓名、任职单位及其部门、职务或相关具体工作等。

比如："你好，我是 ××，是 ×× 公司 ×× 部门的负责人。""我名叫 ××，在 ×× 学校教小学语文。"再比如被誉为初唐四杰之首的王勃在《滕王阁序》中自我介绍道："勃，三尺微命，一介书生"，言下之意是：自己叫王勃，年龄幼小，谦卑称自己为无足轻重的读书人。

▌ 社交场合：社交式自我介绍

适用于社交活动中，希望与交往对象相互认识，促进彼此了解、建立进一步的联系。介绍内容包括姓名、工作、籍贯、家乡、兴趣及彼此间的熟人等内容，可以很广泛，但无须面面俱到，应依照具体情况而定。目标是引起共鸣，让彼此情感进一步升华。最理想的状态是"与君初相识，犹如故人归"。

比如："你好，我叫××，我是××人，跟××曾经是同学，我跟他经常相约一起打网球。"

▌ 生活场合：简洁式自我介绍

适用于普通的生活场景和公共场合，对介绍者而言，对方属于泛泛之交，进行自我介绍多半是出于礼貌，所以自我介绍内容可以很简洁，往往只包括姓名一项即可。比如："你好，我的名字叫××。""你好，我是××。"

▌ 报告会场合：幽默式自我介绍

目的是调和气氛，或者让交往对象对自己印象深刻。比如，胡适有一次自我介绍："我今天不是来向大家做报告的，我是来胡说的，因为我姓胡。"这种方式极大限度地活跃了气氛，用幽默拉近了与听众的距离。

▌ 庆典演出场合：公众式自我介绍

一对多的公众式自我介绍，适用于汇报演出、年会庆典、重大仪式等正规而隆重的场合，是一种意在表达友好、敬意的自我介绍。

内容可以包括自己的姓名、单位、职务、祝愿、目标等。比如"大家好，我是湖南卫视快乐大本营快乐家族的何炅，17 年以来，和快乐家族一起每个周末都陪伴大家，我今天在第十届金鹰节想对大家说的是，只要观众愿意，我要一辈子陪你过周末啊。"这是著名主持人何炅的自我介绍，套用本节开篇提到的罗振宇对自我介绍的见解，何炅成功地"把自己放到一个和观众相关的网络里"，与观众产生了情感共鸣。

自我介绍把握时间：自我介绍时间的长短主要看自我介绍的需求与定位。一般情况下，自我介绍要求言简意赅，以一分钟左右的内容为宜。

自我介绍注意方法：自我介绍时，要自信大方、语音清晰、表达流畅、善用肢体语言，比如点头致意、面呈微笑等以表达与对方沟通的积极意愿，用友善诚恳的态度赢得好印象。

他人介绍，亲切友善，扩大社交圈

除了自我介绍，由他人介绍自己，由他人为自己说明情况，是日常生活、工作、社交中，与陌生人快速建立联系、让别人认识甚至认可自己的一种非常重要的方法。

在正式的社交和商务场合，身份地位高的尊长与人见面时，常常由他人来做介绍。负责介绍的介绍人应是宾主双方中职位或者威望最高者。而在一般商务场合，介绍人可以是相关接待人员。

如何回应他人的介绍：当别人介绍你时，你要作出积极回应，应起身站立，微笑示意或点头致意，与对方保持自然大方的目光接触。身体应向前微倾，语气应温和，应亲切友善地用言语回应。回应公式是："问好 + 对方的称谓 + 谦辞"。比如："您好，陈总。久仰您大名！"

介绍他人，成为人情通达的"桥梁"

介绍他人指的是为他人做介绍，是为彼此不相识的双方引见的方式。介绍他人时，作为介绍人，最大的任务是能够帮被介绍的双方建立起沟通的桥梁。介绍人要人情通达，得体介绍，具体体现在：介绍有序、有礼、有方、有仪。

▌ 介绍有序

在介绍他人时，难免会遇到先介绍谁后介绍谁的问题。要做到介绍有序就要遵循"尊者居后介绍"的原则，即先将身份地位低的一方介绍给身份地位高的一方，因为地位高的人拥有优先的知情权，优先知道对方的信息。根据惯例，介绍他人时的礼仪顺序大致有以下几种：

①把职务低者介绍给职务高者。

②把晚辈介绍给长辈。

③把学生介绍给老师。

④把男士介绍给女士。

⑤把晚到者介绍给早到者。

▌ 介绍有礼

在正式场合，介绍者为被介绍的双方做介绍之前，有必要征求一下被介绍双方的意见，了解双方是否有相互认识的意愿，以避免不必要的尴尬和唐突。

介绍的内容主要包括：被介绍人的名字、职务、优点、爱好等。介绍时要清晰地说出双方恰当的称谓，还可用形容词、赞美词等进行介绍，以便双方能更深入地了解对方，但切记不能厚此薄彼，一方介绍得浓墨重彩、淋漓尽致，另一方只是轻描淡写、蜻蜓点水般简单介绍，导致局面尴尬。

▮ 介绍有方

在正式场合为他人做介绍，介绍其中一方时，应微笑着用自己的视线把另一方的注意力吸引过来，态度要诚恳热情，不可敷衍了事。介绍手势要手掌向上45度，手指并拢，伸向被介绍者。介绍完其中一方后，用同样的姿势和眼神表情介绍另外一方，介绍人切记：不能用食指或拇指指向被介绍的任何一方。

另外，在正式场合，介绍他人时需要用到正式的介绍词，如"请允许我向您介绍一下……""万分荣幸可以为你们做介绍……"等。而非正式场合，可以较为随意地介绍，如："我来介绍一下，这位是……，这位是……"等。

▮ 介绍有仪

正式场合做介绍时，介绍人和被介绍人都应起立，以示尊重和礼貌；待介绍人介绍完毕后，被介绍双方应微笑点头致意或握手致意。非正式的宴会或会议进行中，介绍人和被介绍人视情况可不必起立，只要双方点头微笑致意或举起右手致意即可。

集体介绍，面面俱到

集体介绍是介绍他人的一种特殊情况，被介绍者可能不止一人，而是很多人，可以是一个或多个集体。

▌把个人介绍给集体

在演讲、报告、比赛、会议、宴会等正式活动中，把个人当成主角介绍给广大参加者认识。一般情况下，由主持人或主办方工作人员出面为大家互相介绍。

如果要介绍的一方，人数不止一位时，要注意介绍的顺序。介绍顺序可以以座次顺序为准、以抵达时间的先后为准、以出场顺序为准、以距介绍者的远近为准等视情况而定。

▌把集体介绍给一人

工作场合或非正式社交活动，把大家介绍给一个人，比如工作时把公司的同事们介绍给新员工，社交场合把众多的晚辈介绍给尊长等。

▌把集体介绍给集体

规模较大的社交聚会有多方参加，各方均可能有多人，应进行集体介绍。进行集体介绍越是正式、大型的交际活动，越要注意介绍的顺序。需要对被介绍的各方进行位次排序，排列的顺序可以是：以座次顺序为准；以抵达时间的先后为准；以其单位规模为准；以姓氏字母顺序、职务高低等为准；以距介绍者的远近为准。

非正式集体介绍时，如果被介绍双方人数众多，可采取笼统的方式进行介绍，例如："大家相互认识一下，在左边落座的、穿白色衬衣的是我可爱的学生们，在右边落座的、穿西装制服的是我亲切的同事们，欢迎你们。"

第八节

位次礼仪：商务会晤，井然有序

在商务会晤中，场合越正式、影响力越大、人数越多，位次排序的重要性就越明显，受到的重视程度也就越高。因为，位次排序是一种无声的语言，随时随地体现着次序与尊卑。

如何让宾主各方既符合身份地位的长幼尊卑，又兼顾公平；既彰显人际关系的亲疏远近，又避免冷落某方。为此，我们需要学习和掌握位次礼仪。位次到位，是按照约定俗成的礼仪惯例进行空间方位的排列，让与会各方都容易接受、乐于接受，有助于会晤井然有序和高效运行。

位次礼仪，不仅是与会人员坐在哪里的简单问题，还是人与人之间关系亲疏远近、职位高低的反映，更是与会人员所代表的企业是否被尊重、被重视的直观体现。

会议位次，尊重体现在方寸之间

正式会议位次的四大原则：**面门为尊、背景为尊、主座居中、右为尊客。**

▍ 正式内部会议位次

长桌会议位次

面门、背景、居中的 1 号位置为**尊**位，1 号的右边 2 号为**次尊**位，3 号再次之，如此类推。

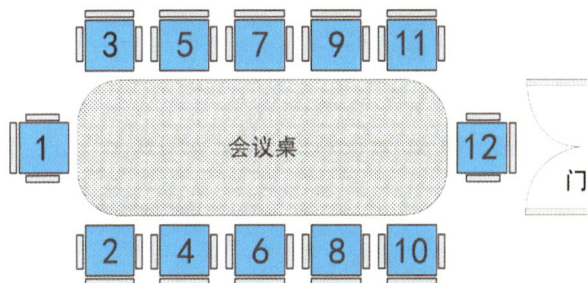

圆桌会议位次

面门、背景、居中的 1 号位置为**尊**位，1 号的右边为次尊位 2 号，3 号再次之，如此类推。

商务会谈式会议位次

方位原则：面门为客、背景为客、门右为客。

相对式商务谈判位次

长横桌：主方和客方相对而坐，客方面门而坐，主方背门而坐。

客方面门居中的位置为尊位 1 号位，1 号位右边的 2 号位为次尊位，1 号位左边为 3 号位，如此类推。

主方背门居中的位置 1 号位为主方尊位，1 号位右边的 2 号位为次尊位，1 号位左边为 3 号位，如此类推。

值得注意的是，如果有翻译在场，翻译一般安排在主人或主宾的右边。

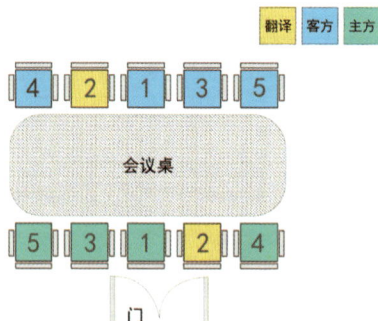

长竖桌：主方和客方相对而坐。

客方坐进门的右侧，右侧居中位置1号位为客方尊位，1号位右边的2号位为次尊位，1号位左边为3号位，如此类推。

主方坐进门的左侧，左侧居中为1号尊位，1号位右边的2号位为次尊位，1号位左边为3号位，如此类推。

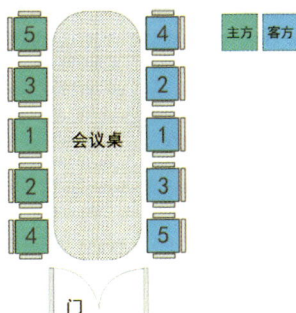

并排式商务座谈会议位次

主客双方并排而坐，客方面门居右，主方面门居左。主宾、主人皆是居中，其他随员自高而低、从中间向各自所在方位的旁侧就座。

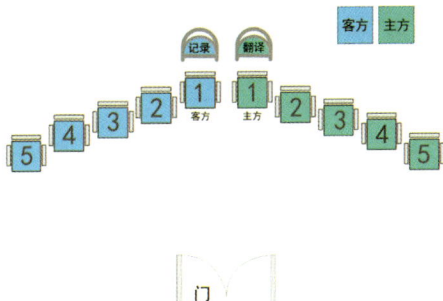

大型报告式会议座次

原则：前排高于后排、中央高于两侧、左侧高于右侧。

职务最高者居中，再按先左后右、由前排至后排的顺序依次排列。

正式代表在前排居中，列席代表居侧或居后排。其他与会人员座位可以按姓氏拼音或笔画为序，按照左高右低、前排高后排低、由中央向两边交错扩展的方式排列。

主席台单排会议座次

面向观众，居中为尊，居左为尊。职务最高者居 1 号位，再按先左后右的顺序依次排列。

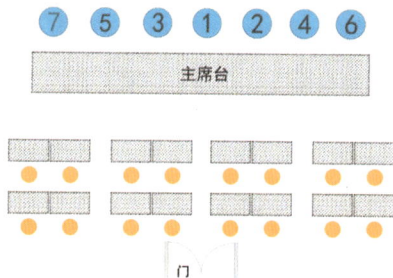

主席台多排会议座次

多排座位，前排为尊，每排居中、居左为尊。职务最高者居 1 号位，再按先左后右、由前至后的顺序依次排列。

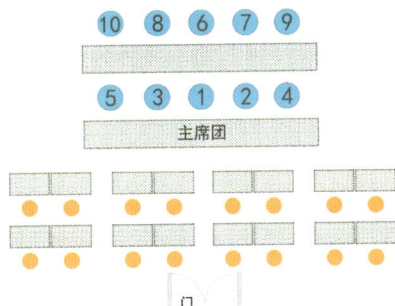

商务重要仪式座次

原则：居中为尊，居右为尊。

▍ 商务签约仪式座次

客方在签字桌的右方，主方在签字桌的左方。主客双方签字人居中，主客双方的随行人员，按照各自签字代表所在的方位从中间到侧边落座。

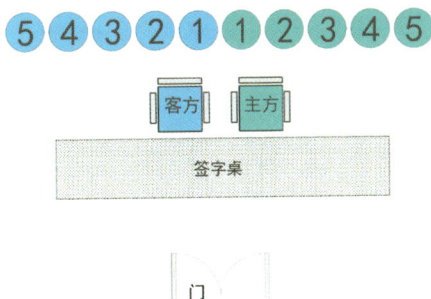

　　面门居中为 1 号尊位，1 号右边的 2 号为次尊，3 号位再次之，如此类推。

8 6 4 2 1 3 5 7 9

单数

人数为单数

门

8 6 4 2 1 3 5 7

双数

人数为双数

门

会议合影的位次排序

　　原则：面对镜头而立，居中为尊，居右为尊，前排高于后排，中央高于两侧。

单排合影位次

居中为 1 号尊位，1 号的右边为 2 号次尊位，此后位次按一右一左顺序排列即可。

8 6 4 2 1 3 5 7 9

相机位置

多排合影位次

前排居中位为 1 号尊位，1 号的右边为 2 号次尊位，之后按一右一左顺序排列，第 8 位排到第二排的居中尊位，再按一右一左的顺序依次排开。

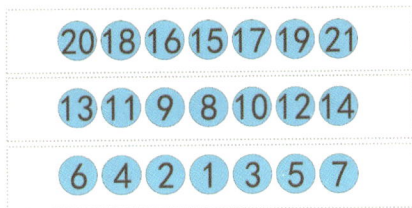

20 18 16 15 17 19 21

13 11 9 8 10 12 14

6 4 2 1 3 5 7

相机位置

第二章

社交礼仪

第一节

中餐礼仪：以礼待人，圆融社交

中国人从古至今都崇尚民以食为天，所以中华饮食文化源远流长。而在礼仪之邦的国度里，《礼记》明确指出："夫礼之初，始诸饮食。"其实早在周朝，人们就形成了一套"吃喝"必须讲"规矩"的饮食礼仪，成了饮食礼仪文化的历史源头。

"宴席之礼，大可外交，小可社交"。古往今来，人际交往最常见的方式莫过于饭局。现如今，饭桌很可能就是我们的第二张办公桌，各种大大小小的商务合作、各种人际圈层的拓展、各种情感维系与增进等，一日三餐俨然都可以变换成交际场景，简言之，在中国人的心中，没有什么事是"吃饭"不能解决的。

中餐礼仪，相信每个中国人都不会陌生，我们从小就在家庭中受到长辈们的言传身教，在耳濡目染中"懂规矩""知礼节"。在社交或商务场合中，无论是作为宴请的主人还是被宴请的座上宾，更要以礼待人，所以，我们需要更系统、更深入地掌握中餐礼仪，让自己在餐桌"交流"中表现出得体与风度，在餐桌上有礼有仪、胸有成竹，让中餐的"味道"更活色生香，在觥筹交错中宾主尽兴。

中餐文化，博大精深：八大菜系，各具特色

中国作为餐饮文化大国，因地大物博，食材广泛、菜式众多、味型多样、烹制做法精巧繁复等，可谓名扬世界。长久以来，中国各地的菜肴由于受到当地环境气候、物产风俗、饮食习惯等因素的影响，沉淀出各种极具地方风味特色的流派。其中，最具影响力和代表性的是"八大菜系"，分别是川菜、鲁菜、粤菜、苏菜、浙菜、闽菜、湘菜、徽菜。

▓ 川菜

川菜在国际上享有"食在中国，味在四川"的美誉，是中国民间的最大菜系，被誉为中华料理集大成者。正宗川菜以四川成都、重庆两地的菜肴为代表。其特点是麻辣鲜香、注重调味，以辣、酸、麻脍炙人口。川菜代表菜有：鱼香肉丝、水煮肉片等。

▓ 鲁菜

鲁菜曾是宫廷御膳的主体，历史悠久、技法丰富，也是最见功力的高难度菜系。其特点是擅长爆、炸、扒、熘、蒸，口味以清香、鲜嫩、味纯而著名，十分讲究清汤和奶汤的调制，清汤色清而鲜，奶汤色白而醇。鲁菜代表菜：九转大肠、葱烧海参、油爆双脆、扒原壳鲍鱼、三丝鱼翅、奶汤鲫鱼等。

▓ 粤菜

在世界各地粤菜与法国大餐齐名，世界各国的中餐菜馆多数是以

粤菜为主。粤菜是以广州菜、潮州菜、客家菜为代表而形成的。以原汁原味、鲜、嫩、爽、滑为特色，菜式可因季节而变换，夏秋力求清淡，冬春偏重浓醇。广东菜最有名的莫过于根据气候的变化用多种药材煲出的具有清火、排毒、滋补作用等各种老火汤。著名的菜肴有：烤乳猪、五蛇羹、白切鸡、西汁乳鸽、冬瓜盅等。

▌ 苏菜

苏菜曾经是宫廷第二大菜系，以苏州、扬州、南京、镇江四大菜为代表而构成。苏菜口味偏甜，讲究造型，风味清鲜，浓而不腻、淡而不薄，食材鲜香酥烂、醇厚入味。擅长炖、焖、蒸、炒，重视调汤。苏菜代表菜有：清炖蟹粉狮子头、盐水鸭、松鼠鳜鱼等。

▌ 浙菜

浙菜是富有江南特色的、流传了数千年的历史悠久的菜系。浙菜主要有杭州、宁波、绍兴、温州四个流派所组成。浙江地理位置优越，东临大海，盛产海味，又是"鱼米之乡"，加上举世闻名的绍兴老酒，这些都为烹饪提供了有利条件。菜式小巧玲珑，菜品鲜美滑嫩、脆软清爽，其特点是清、香、脆、嫩、爽、鲜。浙菜代表菜有：东坡肉、西湖醋鱼、龙井虾仁、冰糖甲鱼、爆墨鱼卷、荷叶粉蒸肉等。

▌ 闽菜

闽菜以福州、泉州、厦门等地的菜肴为代表。闽菜的特点是清鲜、淡爽、味香偏甜酸。烹调方法擅长于炒、溜、煎、煨、糟，尤其讲究调汤，汤鲜味醇、品种多。由于福建地处东南沿海，盛产多种海鲜，如海鳗、蛏子、鱿鱼、黄鱼、海参等，因此，闽菜多以海鲜为原料烹制各式菜肴，别具风味。闽菜代表菜有：佛跳墙、太极明虾、鸡汤汆海蚌、淡糟香螺片、酸辣烂鱿鱼、清蒸加力鱼等。

▕▏ 湘菜

湘菜历史悠久，早在汉朝就已经形成菜系。以长沙菜、衡阳菜、湘潭菜为主要代表。最大特色是辣和腊。菜品品种繁多，但多以辣椒、熏腊为原料，用料广泛，口味多变，常以炭作燃料，有浓厚的山乡风味。品味上注重香辣、香鲜、软嫩。湘菜代表菜有：剁椒鱼头、腊味合蒸、东安子鸡、红煨鱼翅、汤泡肚、冰糖湘莲等。

▕▏ 徽菜

明清时期徽菜一度居于八大菜系之首。以沿江、沿淮、徽州三个地区的地方菜为代表。徽菜继承中华民族医食同源的传统，讲究食补，以食补身，自成一体。徽地盛产山珍野味、河鲜家禽，所以徽菜就地取材的同时选料严谨。烹饪理念注重保持原汁原味，以鲜制胜。主要名菜有火腿炖甲鱼、凤炖牡丹、腌鲜鳜鱼、清蒸石鸡、黄山炖鸽等。

中餐菜序：历史沉淀，博古通今

传统的中餐上菜顺序文化，可谓是经过五千年的时间沉淀形成的。所以，不论何种菜系，其上菜顺序大体相同，都体现着中国宴席礼仪的细致与讲究，体现着中餐饮食的仪式美。上菜顺序是先上凉菜，再上炒菜，后上烧菜，然后上鱼，最后是水果。

上菜先上凉菜主要是为了下酒，在中国无酒不成宴席，下酒的凉菜方便主人劝酒，以体现主人的热情好客。主客之间，喝点小酒，兴致便渐入佳境。

然后，开始上热菜，热菜上菜的顺序是先炒后烧，因为炒菜的味道较清淡可以先上，烧菜的味道较浓重所以后上，让味蕾的感受由淡入浓、层次分明。

正式的宴席，鱼之所以安排后上，意图是，待主客双方都几乎酒足饭饱后，再吃鱼，鱼就会吃不完有剩余，图的是年年有余的吉祥寓意。

而最后上饭后水果，主要目的是解腻、助消化。

另外，正式的宴会场合，服务员按位上汤或上菜时，要按照先主宾后主人，然后再按顺时针方向依次进行。公共转盘上菜时，每道菜应转到主宾面前以表尊重，然后，由主宾开始按顺时针方向依次夹菜取菜。

桌次安排：以礼待人，尊卑有序

▌▌ 中餐桌次原则

先分桌次，再定位次

中餐宴席，不止一桌的情况下，根据主客的身份、地位、亲疏先分桌次，再根据每一桌的具体情况排位次。

桌次原则

以右为尊、远门为尊、背景为尊、居中为尊、面景为尊。

如图所示：横放的两桌，根据右尊原则，面门居右的 1 号为主桌，2 号次之。

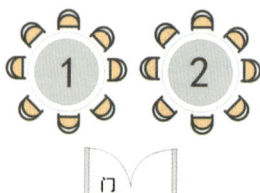

　　如图所示：竖放的两桌，根据远门为尊原则，离门口远的 1 号为主桌，2 号次之。

　　如图所示：横放的三桌，根据居中为尊的原则，位于两桌中间的 1 号为主桌，根据右尊的原则，1 号桌右边的 2 号为次主桌，3 号桌再次之。

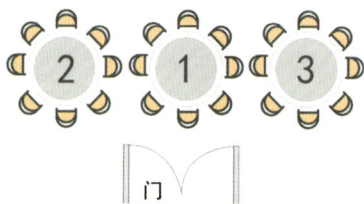

　　如图所示：竖放的三桌，根据远门为尊的原则，1 号为主桌，2 号

桌为次主桌，3号桌再次之。

如图所示：三桌以上的宴席，同样先按照以右、远门、背景、居中、面景为尊等原则，先定首席，再以之为参照定其他桌次。

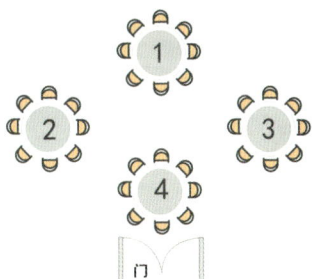

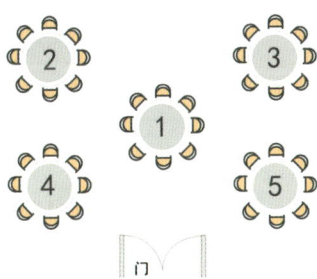

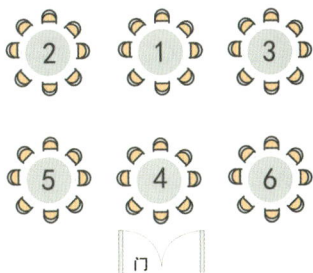

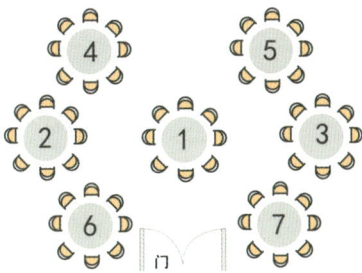

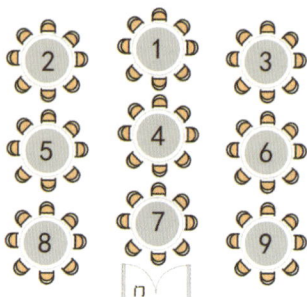

中餐座次原则

原则：面门为尊、背景为尊、面景为尊、主座居中、以右为尊。

内部宴请座次

主人坐面门的、背景的、居中的 1 号尊位，1 号位的右边为次尊位 2 号，1 号位的左边为 3 号位，如此一右一左，按尊卑长幼排位。

接待宴请座次

主人坐面门居中的 1 号位，主宾坐主人的右侧为客方的 1 号位。主人 1 号位的左侧坐客方的 2 号贵宾，然后按主客双方交叉坐。按照身份尊卑、长幼亲疏，由面门到背门，由中间到两边，由近主人到远离主人等位次原则——落座。

用餐礼仪，细节体现涵养

▌▌ 入座顺序，尊长优先

中餐除了讲究位次以外，同样讲究入座的尊卑有序。商务社交宴请时，通常主宾、主人落座后其他人再跟随入座。若是组织内部人员用餐，若有上级、长辈在场，敬请尊长先落座尊位，晚辈再入座。

▌▌ 点菜有方，统筹兼顾

商务宴请，根据宴请的级别，斟酌预算费用的同时，点菜要统筹兼顾菜肴、主食、酒水的人均分配，还要考虑菜品的主次搭配等。

点菜尽量搭配丰富：如凉菜、热菜、汤、主食、甜品、水果等，荤素搭配，干稀搭配，冷热搭配，菜肴组合尽量做到全面。

点菜时，优先考虑客人的饮食禁忌和饮食喜好，不同国籍、不同民族、不同宗教信仰或不同地区人们的饮食偏好往往不同，所以在安排菜单时要兼顾、要有所侧重。

宴请来自五湖四海的宾客时，要考虑他们的饮食习惯，比如，湖南四川的普遍喜欢吃辛辣食物，少吃甜食。相反，广东少吃辣，多吃甜食。

另外，宴请外国宾客时，优先考虑具有鲜明的中国特色的菜肴；宴请外地宾客，优先安排有本地特色的菜肴；除此之外，还可以点本餐馆的特色菜，用细心周到表达对客人的尊重。

▊ 用筷有道，吃出修养

筷子是中餐最主要的进食餐具。据史书记载，用筷子进餐至少有3000年的历史，最早产生于商纣王的一双象牙箸。虽只是两根小棍在手，但在筷起筷落之时，灵活的夹、拨、挑、扒、撮之间，悄悄地透露着用餐的礼仪修养。

用筷有礼，不要着急先拿起筷子就吃，最好等主人邀请，主宾拿筷时再跟随拿筷。等主人开动了，客人再开吃是得体的表现。用筷子夹菜时，最好让筷子上的食物在自己的接碟中过渡一下，再送入口中，这是优雅用餐的重要表现。

中餐待客三部曲：添茶—布菜—敬酒

▊ 添茶有礼，表达尊重

中餐宴请过程中，作为接待方或晚辈，应当借添茶的机会，向客人或尊长表达自己的谦恭与敬意。

真心诚意地以茶待客，适当的做法是在客人喝过几口茶后，即刻为其添茶，尽量不让其杯中的茶叶或茶水见底，寓意是："茶水不尽，慢慢饮来，慢慢叙。"

添茶时，以尽量不妨碍对方为佳。尤其是添茶的对象是年迈的尊长时，则应一手拿起茶杯，使之远离尊长的座位，添好茶后再小心翼翼把茶杯归回原位。

一般情况下，为宾客添茶，添到杯深的 2/3 即可，因为茶添太满，有厌客或逐客之嫌的说法，切记要避免。

▌ 布菜有度，适可而止

社交宴请，一般情况下，"劝菜"比布菜更得体，因为让宾客自由地享受美食，给客人自己选择的空间是一种尊重。尤其是接待外宾，不适合主动为其夹菜、添饭，以免因为文化不同让其为难，取而代之的是向其介绍菜肴的特点，把自由度留给客人。

▌ 敬酒有方，融洽气氛

正式社交场合，在宾主入席后、用餐正式开始前，应先由主人率先提出敬酒并致祝酒词，表示欢迎宾客的到来，其他人不宜喧宾夺主。

主人敬酒时，其他人应起身站立，双手或右手端起酒杯，面带微笑，目视祝酒对象或敬酒者，表达感谢或做相应的寒暄，喝酒之后也应面带微笑，眼神再次与对方交流后方能入座。

一般情况下，敬酒的顺序，要主次分明。敬酒应以宾主身份、职位高低、辈分大小等为先后顺序。

酒在中餐餐桌上被视为热闹气氛的催化剂，被视为交流情感的工具，在商务用餐和社交宴会中可适当地劝酒、敬酒，宾主尽兴即可，无须过度灌酒、斗酒，以免有失风度。

第二节

西餐礼仪：国际视野，礼遇社交

　　在全球一体化的自由商贸环境中，在西餐厅完成我们的社交沟通、应酬合作在所难免。西餐不同于中餐，对于大部分国人来说是陌生的，其本身又特别注重细节，菜品的道数和上菜顺序比较考究，从踏进西餐厅到用餐完毕，往往历经一个多小时甚至数小时，其中难免遇到各种用餐礼仪的问题。

　　学习西餐礼仪，让用餐的举止表达你的态度，让用餐时的点菜技巧表达你的品位，让用餐时的应对自如体现你的风度，让用餐时的交际能力呈现你的个人魅力。

西餐礼仪，用刀叉吃出优雅

西餐的缘起与文化沉淀

▞▌ 溯源

根据资料记载，西餐的发展历史可追溯到公元前 3100 年，在古老的宫殿和陵墓的壁画中，可以看到宫廷焙烤面包和制作蛋糕的情景。公元前 5 世纪，古希腊烹饪文化高度发展，煎、炸、烤、焖、蒸、煮、炙、熏等烹调方法均已出现。公元前 200 年，古罗马宫廷膳房分工就很细，由面包、菜肴、果品、葡萄酒四个专业部分组成。

▞▌ 新篇

15 世纪西餐文化翻开新的篇章。1533 年，意大利的卡德丽娜公主嫁给法国的亨利二世后，把经历过文艺复兴洗礼的饮食文化带入法国，改变了法国宫廷用餐进食的习惯。法国宫廷开始正式使用刀、叉、匙取代用手抓食物进食，并推广到普罗大众中，奠定了西餐用餐的形式地位。

▞▌ 雏形

文艺复兴时期达·芬奇的名画《最后的晚餐》中，描绘了基督教徒的圣餐场面，餐桌上的面包、牛肉、冷盘、葡萄酒、餐刀及玻璃杯等，充分说明当时已经基本具备现代西餐的雏形。

▞▌ 定型

19 世纪，瓷器餐具的盛产，为每人一份的分食用餐形式提供了物质基础，进而餐桌的餐具摆放形式和用餐规矩基本形成，并沿用至今。

西餐流派，各有千秋

我们所称的"西餐"，其实跟西方人把中国菜、韩国菜、日本料理等笼统地称为"东方菜"是一样的道理。"西餐"的西，指的是西方国家，是一个相对的地域概念。"西方"对于我们而言，习惯上是指欧洲、北美洲、南美洲和大洋洲等所在的国家和地区。而西餐大致可分为意式、法式、英式、美式、俄式等。

▍意式西餐

被誉为西菜始祖的意式菜肴，也被誉为"西方的中国菜"，菜品花样繁多，以色香味美著称，特别擅长烹制花样繁多的可口面食。

▍法式西餐

被誉为西菜之首的法式大餐，至今仍名列世界西菜之首，以加工精细，烹调考究而闻名于世。

▍英式西餐

被誉为家庭美肴的英式菜肴，特点是：清淡鲜嫩、样式简洁、菜量少而精。英国是君主立宪制的国家，由于英国皇室的存在，所以英式西餐的礼仪礼节受到广泛关注和传承。

▍美式西餐

被誉为营养快餐的美式菜肴，是在英式菜的基础上发展起来的，在英式菜简洁的基础上更加注重营养和快捷，讲求的是原汁鲜味。

▌▌ 俄式西餐

被誉为西餐经典的俄式菜肴，烹调方法以烤、熏、腌为特色，因口味浓重而别具一格。

西餐礼仪，从得体落座开始

▍▍ 优雅落座

正式场合，根据国际惯例，尽量左侧入座，最得体的落座方式是，当椅子被侍者拉开后，站在餐桌和椅子之间，而身体在几乎碰到桌子的距离站直，等侍者把椅子推进来，微微屈膝后，等腿部后侧碰到椅子时即可轻缓落座。

▍▍ 坐姿挺拔

用餐时，身体挺拔端正，腰背立直，双肩舒展，一般情况下臀部坐椅子的2/3，背部尽量平行于椅背，上半身与餐桌边缘保持两拳左右的距离，以防坐太靠后用餐时身体过度前倾或坐太靠前用餐时显得拘谨。切记不可将手肘放在餐桌上，让手腕或小臂的前1/3置于桌子边缘，会显得大方得体、淡定从容。

▍▍ 得体选座

参加正式宴会时，不可贸然入席。

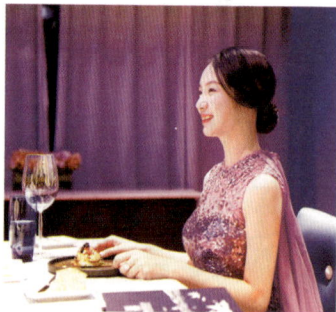

若餐桌上有席次卡，应找到自己的名字后对号入座。如果没有发现席次卡，要等主人或侍者引导安排座次后方可入座。

正式西餐的位次原则

女士为尊

西餐餐桌礼仪中，女士可谓拥有至高无上的地位。西餐宴会上女主人是第一顺序，女主人的位次尊于男主人，并有权引领用餐的正式开始和结束。

以右为尊

以右为尊是国际通用的位次排列规则，主人右边的位置为尊位，主人左边的位置为次尊位。

以近为尊

与中餐位次相同，以距离主人近的位次为尊。

交叉落座

在西餐位次的排列中，讲究男士与女士交叉落座、熟人与陌生人之间交叉落座。其积极意图是扩大社交圈子，促进有效社交。

简餐的位次

原则：面门为尊、远门为尊、观景为尊、临墙为尊、居右为尊。

简餐式的商务西餐，如果男士与女士用餐，根据西方餐桌礼仪惯例，奉行女士优先原则，男士应邀请女士坐在自己的右边，方便照顾。男士可以在提前订餐时要求预订离门口远的、景观好的位置。到达餐厅后，男士让女士坐在景观好的位置、临墙或靠墙的有安全感的位置。如果是在餐厅的包间里用餐，让女士坐在面对着门的尊位，自己则坐在女士的对面。

点餐有方，点酒有道

点菜点酒是一个人的品位象征，食物品种是海陆空搭配，还是荤素搭配；烹调方式是生是炸，是烤是焗，是冷是热；酱汁是稠是稀，是酸是甜；餐酒是干是甜，是陈是新，是浓是淡……总之，能把菜品和酒水的色香味俱全组合成如交响乐般起承转合，是你个人品位和能力的延伸。

▋ 点餐三要领

各点各餐

西餐点餐与中餐不同，各点各餐才得体。一般情况下，不能擅自为客人点餐，除非对方主动要求帮助。如果点餐时自己没有主意，可以要求餐厅的服务员提供建议，推荐合适的菜品，尽量不要让别人替自己点餐。

客人先点

正式场合，注意尽量让客人先点，一是表示对客人的尊重，二是可以明了客人点菜的道数。因为西餐按一定的上菜顺序出菜，看看客人都点几道菜，确保自己与客人所点的数量相当，以免用餐节奏不同造成尴尬。比如客人没有点汤，而你却点了汤，这样当你喝汤时，客人只能等你喝完汤，再一起进下一道双方都点了的副菜或主菜，服务员不会因为客人没有汤而提前为客人上下一道菜。

点菜顺序一般是先选主角——主菜，比如牛扒、羊排等，再根据主菜选择搭配其余的开胃菜汤、副菜，也可以根据主菜的烹饪方法来确定其他菜品的炮制方式。

▌点酒四主张

主张一

高规格的西餐宴请，每道菜配有专属的酒，各种酒从低度到高度、从清淡到浓烈、从爽口到醇香，呈现丰富的层次，为菜肴增添丰富的口感，为味蕾带来美好的享受。

主张二

"白肉配白酒，红肉配红酒"是最经典的选酒原则。

"白肉配白酒"，"白酒"是指白葡萄酒。关于"白肉"，我们可以把范围扩大到海鲜、鱼肉、贝类或鸡肉等烹饪后颜色比较浅的肉类。白葡萄酒口味清淡，酒中的酒石酸和苹果酸可以为"白肉"提鲜，且口感非常清爽干净，还可以促进"白肉"在胃肠道的消化。如果白肉配红酒的话，会盖过白肉的鲜味和美味。

"红肉配红酒"，"红酒"指的是红葡萄酒。至于"红肉"，我们可以把牛肉、羊肉、鹅肉等口感比较重的归为"红肉"，红葡萄酒能够很好地中和红肉的酸性，酸碱搭配平衡更利于消化。另外，红葡萄酒的单宁酸口感浓郁可以"抵消"红肉的口感浓腻，让味道相得益彰。

主张三

如果点酒时拿不准主意，可以让侍酒师为你挑选出合适的酒。请侍酒师推荐或建议前可以表明基本喜好，比如口感清淡还是浓郁，甜型还是干型等，也可以告知侍酒师你点了什么菜肴，让侍酒师为你综合考量，选出最合适的佐餐酒。

点酒万能定律：香槟酒是西餐桌上的万能搭配品。因为香槟酒可以与任何种类的菜式相配，是最稳妥的选择。

西餐菜序，流畅如曲

▌ 序幕：前菜

作为西餐的第一道菜，也称头盘或开胃菜。特点是小而精致，菜肴分量不大，目的是开胃，让沉睡的味蕾苏醒、增强食欲。食材可以是瓜果、蔬菜加适当的腌或熏制的肉类，或是应季的鱼类和海鲜等，因为选材自由度大，所以，可以给厨师极大的发挥空间去施展厨艺。

▌ 前奏：汤

西餐的汤相对中餐的汤而言偏浓，所以西方人不是喝汤而是吃汤。西式汤大致可分为清汤、奶油汤、蔬菜汤和冷汤等四类。

▌ 序曲：副菜

是起衬托主菜作用的一道菜，副菜同样有刺激食欲的功能，口味浓淡介于前菜和主菜之间，相对主菜口感偏清爽。食材通常以海鲜、虾、鱼类、贝类等水产居多。

▌ 高潮：主菜

是西餐全套菜品的重头戏，主菜通常是肉类，比如说牛肉、羊肉、鸭肉、鹅肉、鱼肉等，其中最有代表性的要数牛排。西餐中有句名言：
"若牛排搞不定，何以搞定西餐。"充分体现了牛排在西餐中的地位，
据说牛排在西餐中主菜的地位已存在几百年。

▓ 收官：甜品

在主菜之后出现，是西餐的最后一道菜，旨在让人感觉甜蜜饱足、
心情愉悦。甜品可以是布丁、冰激凌、奶酪、蛋糕、水果等。

▓ 尾声：饮品

进餐完毕后，西餐讲究饮用茶、咖啡或餐后酒比如威士忌、白兰
地酒等，让餐后的时光可以更加放松惬意。此外，咖啡和浓茶还有助
于餐后消食和燃烧脂肪。

餐具语言，无声胜有声

▓ 小餐巾，大作用

"餐桌礼仪从餐巾开始"，所以餐巾的作用不容忽视。

餐巾作用一：可以宣布用餐"开始"和"结束"

开始：正式隆重的西餐宴会，第一个打开餐巾布的人应该是主人，
主人从餐桌上拿起餐巾并放在大腿上，是宴会开始的标志。随后客人
跟随主人把餐巾打开铺在腿上，意味着大家正式开始用餐。普通的社
交或商务聚餐，用餐前，双方把展开餐巾对折成三角形或长方形，覆
盖在腿上，表示已经准备好用餐。

结束：到了晚宴的尾声，主人要把餐巾随意折叠放在桌子上，是宴会结束的标志。不必把餐巾折叠得整整齐齐地放在餐桌上，因为在某些国度，这是对菜肴表示不满的暗示。

暂时离席：若用餐过程中，暂时离席，只需稍微将餐巾折好，将餐巾有污渍的一面叠在内侧并放在椅子上即可，表示你还会回来继续用餐。

餐巾作用二：擦拭和遮挡你的尴尬

在饮酒之前，涂了口红的女士要用餐巾轻轻印擦口红，以免口红玷污了杯子造成尴尬。

在用餐过程中，与人交谈前，用餐巾先略沾嘴边的油腻再开口说话是得体的表现。

用餐过程中，餐巾可以用来遮蔽咳嗽、打喷嚏等。

餐巾作用三：拯救你的服装于"危难"之中

用餐时应将餐巾布平铺在双腿上，较大的餐巾布可以对折后铺在腿上，以免食物不慎坠落弄脏服装。但餐巾布挂在胸前的做法并不优雅。只适用于小孩或用餐不方便的人。

▌用刀叉吃出好印象

刀叉组数越多，"排场"越大

用餐时，餐桌上摆放的刀叉组数越多，表示用餐道数也越多，同时也代表越正式、越隆重。很多人在正式的西餐宴会场合中，被餐桌上摆放的一系列西餐刀叉镇住，其实不管放在你面前有多少副刀叉，只要记住一个简单有效的原则即可，那就是从外到内按顺序使用：先使用放在最外面的刀叉，再依次向内使用。因为盘子左右两侧的刀叉，是按照上菜的顺序摆放的，只要由外而内依序使用就可以，每上一道菜就用一组，用完一组服务员收走一组即可。

刀叉忌讳左右开弓

右手握刀，左手持叉，优雅地使用刀叉，流畅地切分食物。右手用刀的方式是：将刀柄的尾端置于手掌内，用拇指抵住刀柄一侧，食指按在刀柄上的另一侧，其余三指则顺势弯曲，握住刀柄。先用叉子把食物按住，然后用刀切成一口的大小，再用叉送入口中。只要刀叉使用熟练，用餐便可以如同行云流水般流畅自如。切记避免用"气吞山河"之势，双手左右开弓，使劲用蛮力切割食物，既费劲又失礼。

刀叉语言

"吃完"还是"没吃完"，看看刀叉，一目了然。

正式场合，被使用过的刀叉，千万不要放在桌面上，而应放在盘子上。

如果中场休息，需要暂时离开，也就是"没吃完"还要继续用餐，可把刀叉分开成八字形放置，服务员就不会撤走盘子和刀叉；如果已经"吃完"，就将刀叉平行斜放于盘中一侧即可，服务员看到这个表示已经吃完了的"信号"，自然会把盘子和刀叉都收走，为你准备下一道菜或进行下一个流程。

礼待美食，优雅自成

▌ 面包的食用方法

在正式场合，面包是西餐中唯一可以用手吃且一定要用手吃的食物。食用时，用双手拨开面包，将面包用手撕成适口的小块，用刀涂抹奶油，基本上是用手剥下一口就抹一口奶油，再用左手手指将面包送入口中。

▓ 前菜的食用方法

前菜中经常会出现蔬菜和水果，食用时要灵活地运用刀叉，尤其是食用带叶子蔬菜时，先用餐刀将其折叠成一口大小，再用叉子固定好，送入口中会比较方便。而面对圣女果、葡萄等球状蔬菜，需要先用刀将其抵住，再用叉子缓缓斜插进去，防止其滚动造成尴尬。

▓ 汤的食用方法

喝汤最基本的姿势是右手拿汤匙，左手按住盘缘，上半身略微前倾。饮用时勺子横拿更显优雅，至于汤勺使用的方向，英式喝汤的方法是从后往前舀，法式则是从前往后舀，两种方式均可选择，然后将汤匙底部平放在下唇位置缓缓送入口中即可。

值得注意的是，喝汤发出声响是一种很不雅的行为。如果汤太烫也不可用嘴将汤吹凉，可以让其自然冷却稍后食用；也可以在舀汤时轻轻贴着表面进行，又或可以轻轻摇动汤使其冷却。

▓ 肉类的食用方法

牛排：切牛排应由内向外、从左侧到右侧，慢慢优雅地切开，不要发出刀和盘子摩擦的声音。尽量吃一块切一块，不要一下全切开，不然会因为肉汁流出和温度下降而影响牛肉的口感。

骨肋排：可以顺着骨头的纹理将肉切下。先把骨和肉分开，然后把骨放在碟边，用刀叉像吃牛排一样从内侧到外侧，从左到右，切一口吃一口最得体。

▌▌ 海鲜的食用方法

吃虾：食用龙虾等有壳海鲜，应左手持叉压住虾尾，右手持刀，插进尾端，压住虾壳，用叉将虾肉拖出，用刀切成一口大小，再用叉送入口中。

吃去骨的鱼：吃鱼扒、鱼片，用鱼刀从左到右，从内到外吃；如果没有配备鱼刀，可用右手持叉，把叉当成勺子，从左到右食用。

吃带骨的鱼：吃带骨的全鱼，吃完鱼的上层，切勿翻身。用刀叉去除鱼骨，再用刀叉或鱼刀吃下层鱼肉。

▌▌ 甜点的食用方法

甜点的作用不是饱腹，而是美好甜蜜的精神需求以及视觉的美感享受。所以，在吃的过程中，从左侧开始，每次用叉子尖端叉下一口的量，吃到最后也尽量保持它的美感。

第三节

自助餐礼仪：自由社交，畅吃有道

  自助餐与中餐、西餐宴会相比，最具特色的是便捷自由、免排座次、各取所需。虽然自助餐的自由空间大，但用餐还是有其独特的礼数需要遵守，尤其是宴会或社交场合，吃自助餐可随意但不可随便，避免因举止失礼而成为众目睽睽令人侧目的焦点。

溯源：便捷自由的用餐方式

据说自助餐是公元 8 世纪北欧海盗发明的用餐方式，所以，至今世界各地仍有许多自助餐厅以"海盗"命名。据说当时海盗们每有所获，就大宴群盗，庆贺一番。但海盗个性粗放、不懂赴宴用餐的规矩，为了毫无束缚地畅饮豪吃，摒弃所有当时用餐的繁文缛节，便别出心裁地想出了自由用餐的好办法——将所有菜肴和酒水都集中放在餐台上，想什么时候吃就什么时候吃，想吃什么菜就取什么菜，想吃多少就取多少。这种毫无禁忌、无拘无束的用餐方式，极大地迎合了海盗们随心所欲的用餐心态，于是风靡一时。后来，人们渐渐接受这种便捷自由的就餐方式，以至于成为目前全球通行的一种非正式宴会形式。

用餐有要求，自助有"门道"

▮▮ 到达现场

如果是应邀赴宴的自助餐，到了现场要先与主人打招呼，送上寒暄与祝福，等候主人安排入席，自助餐一般情况下是不需排列位次的。如果是预约用餐，到了现场后告知服务员，等候服务员安排进入餐厅就座。

▮▮ 取菜顺序

由于自助餐来自西方，一般情况下菜式大体也与西餐一样，分冷盘、汤、热菜、点心、甜品、水果等各个部分。传统的西餐把菜一道一道循序送上，而自助餐则同时把所有的食物都摆到餐台上。所以在取菜前，最好先在全场转上一圈，整体了解情况后再有所选择地取菜。一般情况下，自助餐都是按照顺时针方向取菜。

▌▌▌ 进餐次序

应从冷盘开始，先吃冷菜，接着是喝汤、吃热菜，然后吃蛋糕、水果，这是西餐的进餐菜序。如果有人想按照中餐的菜序进餐，也未尝不可，其顺序是冷菜、热菜、汤、甜食、水果等。

▌▌▌ 菜品分放

自助餐取餐时冷菜、热菜不混搭：取完了冷菜回到位置上，吃完后重新拿一个新盘子再到公共区域去取热菜。菜肴与水果不混搭：菜品和水果应分别取用，避免串味。

▌▌▌ 把握进度

商务用餐、社交宴请，特别需要关注用餐进度。以免与用餐对象之间，其中一方率先用餐完毕后无所事事地等待，另一方则狼吞虎咽地赶用餐进度。也不要独自一人闷头用餐，要主动和周围的人互动交流，尤其是商务宴请和社交聚餐，吃饭只是形式，交流沟通才是真正的重点。

自助用餐，优雅和慌张之间隔着礼仪

▌▌▌ 排队取餐

取餐讲究先来后到，自觉排队选取食物，不拥挤不加塞，与前面的人保持距离，以免碰撞，更不可反向逆行取菜。

▋ 果断取菜

轮到自己取菜时，不要用自己的餐具取菜，应用公用的餐具，果断选定食物，放入自己的食盘之内。不要在食物前犹豫不决，让身后的人久等，取菜时挑挑拣拣更是非常不恰当的行为。

▋ 少量多次

少量多次是自助餐取菜最基本的礼数。每次取餐少取一点，品尝之后，如果感觉不错，吃完盘内的食物再去取。一次取太多，把各种菜肴统统盛在餐盘中，把自己的餐盘装得满满的是非常失礼的举动，不仅影响美观，也会影响味道，导致食物间五味混杂、互相串味。

▋ 得体用餐

与同伴共同用餐时，可向其提出选菜建议，不可以贸然为对方代取食物，更不能将自己吃不了的食物分给对方，以免失礼于人。与人同桌共餐，要照顾他人的感受，适时整理餐桌，避免自己餐桌上的杯盘一片狼藉，不堪入目。

第四节

下午茶礼仪：贵族腔调，风雅社交

"当时钟敲响四下时，世上的一切瞬间为茶而停"。这句谚语非常贴切地诠释了历史中的英国，全民下午茶的风尚。时至今日，"英式下午茶"已经超越国界，超越时空，也不止于午后单纯的食物果腹，俨然成了超越品尝美味的社交活动，并且成为自带贵族腔调的鲜活的文化标识而风行全球，为下午的社交时光填满了惬意与风雅。

英式下午茶，开启你的优雅社交

英式下午茶的前世今生

▐▌ 源点

1662 年，英王查理二世迎娶葡萄牙凯瑟琳公主。葡萄牙公主把来自中国的红茶作为嫁妆，带到了英国皇室，并引起了英国上流社会的喜爱与痴迷。当时的英国不产茶，所以英国皇室对于来自东方神秘国度的、漂洋过海的、昂贵的红茶，一度奉为养生极品。但来自当时富裕国度的葡萄牙公主却奢侈地把茶当成日常饮品，甚至为了去掉茶中自带的苦涩感，还往其中加入当时堪称跟银器一样珍贵的白糖。这种做法一石激起千层浪，轰动了整个皇室，贵族们也争相效仿，以显耀自己的财富实力。可以说，葡萄牙公主引领了英国宫廷的喝茶习惯，同时也描绘出英式下午茶高格调的源点。

▐▌ 起点

1840 年，安娜贝德芙公爵夫人，在贝尔沃城堡中把起居室打造成下午茶空间 TEA ROOM，开始真正意义上的"英式下午茶"。因为当时贵族们的派对风潮导致晚宴礼节繁复，造成午餐与晚餐之间相隔七八个小时，公爵夫人为了解决从午后时光到晚宴之间漫长的等待而产生的饥饿感，令仆人于午后四点，送红茶、面包、奶油等到她的卧室供她果腹，也常邀请贵妇人们与她一起共享饮食茶点的惬意与美好。随后，公爵夫人郑重其事地打造了专门享用下午茶的空间，并让人打制了世界上第一个银器茶壶，很快男士们也加入茶会，这一行为在当时贵族社交圈内蔚为风尚，成为英式下午茶文化的历史起点。

▓ 拐点

由于中国茶叶千里迢迢运到英国，高昂的运费加上高关税导致茶叶的价格一直居高不下。为了降低茶叶成本，英国人开始积极地在殖民地印度种植茶再销往英国国内，随之印度茶取代了中国茶的地位。因为殖民地大量产茶，英国贵族人口有限，原来供不应求的茶叶市场不复存在，茶叶却变成滞销品。为了让盛产的茶叶有广泛的销路，最好的办法是把它推广到人口基数众多的平民阶层，因此，英国女王成了下午茶的风尚代言人。女王巧妙地把社交活动与下午茶茶会结合在一起，广泛亮相于大众面前，久而久之，下午茶成为全国上下的潮流风尚，深深地影响和普及到平民阶层，茶叶广开销路。

贵族下午茶和大众下午茶

▓ 贵族下午茶

Low tea 是真正意义上源自贵族的下午茶。之所以叫 Low tea，是因为贵族们喝下午茶时，一般会坐在矮沙发或者高度到膝盖的扶手椅上，边聊天边喝茶，茶具和茶点也是摆在较低的茶几上。

▓ 大众下午茶

High tea 尽管名字是高茶，但仅仅指在高桌子 high table 上喝下午茶。大众下午茶 High tea 又叫 Meat tea，相当于普罗大众、工薪阶层作为一天的工作劳累后，在正式的晚餐之前，补充体力的副餐。所以，副餐茶点要有能吃饱、能果腹的功能，包括肉类、土豆、面包、奶酪等。

总而言之，High tea 和 Low tea 里的 High 和 Low 指的是桌椅的高低，而在喝下午茶的桌椅高低之间却暗示着阶层有别。简而言之，大众下午茶 High tea 负责营养饱腹，贵族下午茶 Low tea 负责愉悦精神。

英式下午茶风雅四部曲

▦ 第一部：品茶有方

仪式

到达茶会入座后，把餐巾对折成三角形或长方形平铺大腿上，具体的用法与西餐的餐巾布一样。

主角

"茶"是绝对的主角。英式下午茶中的茶，可以是口味浓烈的阿萨姆红茶、可以是气味芬芳的大吉岭红茶、可以是提取水果或花草香精后熏制成的混合香味红茶、也可以是极具英皇贵族特色的奶茶。

沏茶

由于英国一年中大半时间是寒冷季节，所以，英国人沏茶，认为水一定要煮沸后才能出茶味和茶香。

倒茶

倒茶时要用茶漏过滤掉茶渣。

加奶

在红茶中倒入适量牛奶，然后用小茶匙进行搅拌，让茶和牛奶在茶杯中充分混合。

搅拌

在搅拌茶水时，千万不要用小茶匙划圆形搅出漩涡，而应该把小茶匙置于时钟 6 点和 12 点之间的方向位置，来回竖直地滑动 2~3 次，注意在搅拌过程中，小茶匙不要碰到杯壁，碰得叮叮咚咚响是失礼的做法。搅拌后务必将小茶匙从杯子里拿出，轻轻放回杯垫上。

持杯

用大拇指、食指和中指轻轻捏住茶杯把儿，手指不要穿过和勾住茶杯把儿，持杯饮用时，通过无名指和小指自然弯曲并拢来平衡持杯的力道。

品饮

品茶时小口饮用，千万不能因为茶水滚烫而用嘴吹，应待其自然降温再饮用。

姿势

商务社交，喝下午茶时，姿态要挺拔，腰背立直，双肩舒展，可以直接端起茶杯喝茶，不带茶杯托盘。如果需要离开座位自由交流时，也可以将茶具一并端起，一

手举杯喝茶，一手端着茶杯托盘。另外，最优雅的持杯姿势是：持杯的手臂要内收靠近身体的侧面，避免占用公共空间更多的位置，如果另一只手端起茶托，让茶托保持在自己腰部和胸部之间的位置。

▮ 第二部：享用茶点

英式下午茶的茶点可谓阵容豪华，式样精美的茶点层次分明地安放在充满贵族气质的三层点心架中。让英式下午茶名扬天下的，除了流传至今的文化内涵和名声赫赫以外，更有实实在在的丰富内容：充分体现贵族腔调的同时还能美味果腹。

三层点心架

点心架的第一层也就是底层，是各式三明治：如火腿、芝士等咸味茶点；第二层是英式松饼司康饼（Scone）、泡芙、饼干或巧克力；第三层一般是蛋糕及水果塔等甜品。

享用顺序

自下而上、从咸到甜、由淡而重的享用顺序，让味道层次分明，让味蕾渐入佳境。

当你按照最传统的自下而上的顺序享用茶点时，幸福感会油然而生。先尝第一层点心架中带点咸味的三明治，让味蕾慢慢品出食物的真味，再配上几口芬芳四溢的红茶，午后的惬意开始慢慢袭来；接下来品尝第二层涂抹上果酱、奶油的英式松饼司康饼，让恰到好处的甜味在口腔中慢慢散发；最后品尝点心架中最高层的甜腻的水果塔，让味蕾达到甜蜜的最高境界。

茶点礼仪

英式下午茶的三明治都是 finger-size（手指大小的尺寸），完全可以用两个手指夹起来食用，再啜饮几口芬芳四溢的红茶，让味蕾慢慢品味食物的咸鲜。

三层点心架中的明星茶点要数外酥内软的英式松饼司康饼，吃司康饼的时候不需要用刀切，直接用手掰成两半即可。现烤的司康饼温热松软，适当搭配奶油、果酱，口感更显绵蜜香醇。

至于司康饼是先抹奶油还是先抹果酱，是个饱受争议的话题。我建议放下"思想包袱"凭个人喜好而为之即可。因为最关键是要趁司康饼还温热之时，享受它与果酱和奶油融汇成的甜香松软的美好感觉。

另外，享用点心时，尽量不要从点心架中取下来后直接食用，而应将茶点放置于专人专用的点心盘后，再食用会更为得体。

▌▌ 第三部：风雅氛围

音乐

传统的英式下午茶，因有宛转悠扬的古典音乐来佐茶而更显美妙绝伦。

基调

明亮宽大的窗户，考究的花式窗帘，餐桌上浪漫的鲜花、白色蕾丝手工刺绣桌巾、银光闪闪的茶具、精美的三层点心盘、精致丰盛的茶点、沁人心脾的茶香，为下午茶注入清丽华美的风韵。

氛围

维多利亚时代，当红茶还是珍宝的时候，在下午茶的茶会上，女主人会吩咐侍女捧来放有茶叶的宝箱，或是来到上了锁的茶柜前，由女主人持钥匙在众人面前开柜取茶，以示茶叶之矜贵。

茶会开始后，如果是女士前来，在场的女士不必起身恭迎只需点头示意即可。而在座男士必须起身恭迎，到来的女士说"谢谢"表示回应男士的恭迎，暗示在场的男士不必拘礼，可以随意，不然男士要一直站着直到女士打完招呼入座以后，男生方可落座。在此期间，如果男士到来，在座任何人不必起身恭迎。只有当前来之人是尊贵的皇室成员或德高望重者时，在座女士才需起身恭迎。

着装

维多利亚时代的下午茶时光，宾主都必须衣着得体。上流社会的男士会身着燕尾服、戴高帽，女士则穿着礼服将腰束紧或穿戴缀了花边的蕾丝裙、蕾丝手套和帽子。下午茶会是仅次于晚宴和晚会的社交场合。时至今日，下午茶时光中，男士一般正装出席，女士则穿套装裙或连衣裙，裙长及膝或过膝更合适。

第四部：社交互融

礼仪风范

英式下午茶开启了一种优雅的社交方式。举办下午茶会时，通常都会制作邀请函。

现如今的下午茶社交，虽然不及过去的隆重，但对服饰也非常重视，一般会穿着得体。如果是室外下午茶，女士一般会穿连衣裙，戴上宽沿的帽子，男士穿正装。如果在室内，女士可以穿套装裙、戴小礼帽。

下午茶社交时，女性是绝对的主角。根据传统，女主人最好在宾客面前冲第一泡红茶，以表达对客人的欢迎和尊重，冲泡过后，女主人将茶壶摆在桌子中央，让客人自行取用、调配。

客人为了表达对女主人的敬意，会认真品尝女主人冲的第一杯茶，通常茶里什么都不加，喝第二杯的时候才加奶或其他调味品。

交流互融

女主人有意识地让来宾热络交流，为了避免冷场，女主人可以先谈些与红茶或茶点有关的话题，然后再引导气氛，展开别的话题，让宾客慢慢打开话匣子，让来宾之间充分交流，在愉快的氛围中形成有效社交。

茶室内，人们小口小口慢饮茶，细细品尝点心，低声絮语交谈，女士仪态万方，男士风度翩翩，这是茶室内最令人赏心悦目的流动美景，也是绅士风度与淑女气质的风范体现。

第五节

葡萄酒礼仪：西餐伴侣，格调社交

葡萄酒不仅是在中国，在全世界都是一种独特的"社交语言"，所以，要掌握葡萄酒礼仪，练就格调社交。

葡萄酒起源的美丽传说

　　西方古代的一个国王，因考虑到当年农作物收成贫乏，冬季食物很可能短缺，便命人将没有吃完的葡萄用瓶罐储存起来，以备所用。而他的王妃因失宠心灰意冷想饮毒自尽，误把瓶罐中发酵了的葡萄浓浆汁当成慢性毒药，喝了一次又一次。没过多久，她变得越发美艳动人以至于引起了国王的关注，再次得到了国王的宠爱。故事传开了，葡萄酒的美味也流传开来，此后，人们就开始了葡萄酒的品味之旅。

　　当然，这只是个美丽的传说而已，关于葡萄酒最早的起源，现在已经无据可查。西方考古学家在埃及的古墓中，发现了有描绘酿造葡萄酒情景的文物，他们认为古代的西方是葡萄酒的最早诞生地。

解码常见的三色葡萄酒

　　按酒的颜色分类是葡萄酒最普遍的分类标准，因为非常直观，特别容易辨认与区分。

▌白葡萄酒

　　白葡萄酒是用葡萄的果肉发酵制成的，酿酒的葡萄经过压榨后，在酿造前必须去掉葡萄皮、梗、核。正因如此，白葡萄酒在酿酒过程中几乎没有萃取果皮中的任何色素，所以酒呈青黄色或柠檬黄色，陈年后逐步变成更深的金黄色，最终变成琥珀色。白葡萄酒的酒味清淡，它的灵魂是果酸，有去腥味的效果。

▍ 红葡萄酒

红葡萄酒是带着葡萄皮混合发酵而制成的，葡萄果皮中的色素和单宁，在发酵的过程中溶于酒液，所以，红葡萄酒的色泽大多为宝石红色、紫红色、石榴红等。红葡萄酒的灵魂是单宁，红葡萄酒因单宁而"涩"，也因为单宁解"腻"而爽口，所以，红葡萄酒被公认为最佳的佐餐酒。

▍ 桃红葡萄酒

酿制桃红葡萄酒时，葡萄经过压榨后，葡萄汁与果皮短暂酿造接触后，去皮、去梗、去核，再将剩下的果肉进一步酿造，所以桃红葡萄酒只吸收了果皮中少量的色素，色泽介于红葡萄酒与白葡萄酒之间，一般呈樱桃红色或橘红色。味道通常没有红葡萄酒浓郁，但比白葡萄酒更厚重一些。

揭秘与众不同的葡萄佳酿

葡萄佳酿之所以与众不同，主要在于采摘或酿造时运用了特定的工艺。普通葡萄酒，指的是葡萄自然成熟后就采摘下来，按照正常的酿酒程序，将新鲜葡萄或葡萄汁，全部或部分发酵酿制而成，成为含有一定酒精的发酵酒。而贵腐酒、冰酒、加强葡萄酒却与众不同，都"不走寻常路"。

▌▌贵腐酒

贵腐酒是采用感染了贵腐菌（Noble Rot）后高度浓缩的葡萄酿制的酒。做法是推迟葡萄的采收期，待葡萄果实感染一定的贵腐菌，感染过贵腐菌的葡萄通常糖分浓度极高，因而酿制的葡萄酒口感芬芳馥郁，带有明显的蜂蜜和干果香气。因为贵腐菌只有在早晨潮湿多雾、下午晴朗干燥等特殊的天气条件下才能形成，且后期需要耗费大量的人力精选每颗都感染过贵腐菌的葡萄，所以贵腐酒不仅产量稀少，而且生产成本极为昂贵，因而有"滴滴黄金"的美誉。贵腐酒知名的产区有法国苏玳、匈牙利的托卡伊等。

▌▌冰酒

冰酒是指用冰冻葡萄压榨出汁酿成的葡萄酒。做法是在采摘葡萄时故意推迟葡萄的采收期，并且等待气温降到 −7℃ 到 −8℃ 葡萄果实结冰后再来采收，通常还会带冰

压榨。因为只有在特殊的地理环境和气候条件下才能获得在枝头自然结冰的健康葡萄，因此能够生产优质冰酒的国家并不多，其中最为出名的要数德国、加拿大、奥地利等。

▉ 加强酒

加强葡萄酒是指将烈酒添加到葡萄酒中，比如在酿造过程中添加白兰地等高纯度酒精强化的葡萄酒。加强葡萄酒因为酒性较稳定，可保存较久。这类葡萄酒既可以是甜型，也可以是干型。如果发酵过程中添加烈酒打断酒精发酵，成酒就会偏甜型，若是在酒精发酵完成之后再加入烈酒，成酒就会偏干型。葡萄牙的波特酒和西班牙的雪莉酒都是此类酒中的佼佼者。

葡萄酒礼仪，高格调的品位

▉ 开酒

优美的开瓶动作是一种艺术。开瓶的方法大致是先用锯齿小刀将瓶封割开取下，再用螺旋锥对准软木塞中心，扎进软木塞后慢慢旋转至其直立，再按顺时针方向旋转。然后将手柄上的卡口扣住瓶口，将软木塞上提并慢慢将软木塞轻轻晃动取出。

▉ 醒酒

葡萄酒好比是睡美人，醒酒的步骤好比是让睡美人苏醒，令其焕发美丽、绽放光彩。醒酒的三大好处：

软化单宁：醒酒可以让单宁充分和氧气接触进行氧化，使葡萄酒更加柔顺细腻。

释放香味：醒酒其实是香气的化学反应。让酒中的芳香类分子充分氧化，释放迷人的香气。

过滤沉淀：醒酒可以让葡萄酒与酒中的沉淀物分离开来，有效隔离酒渣、过滤沉淀。

▌斟酒

在葡萄酒礼仪中，斟酒也是一个重要的环节。斟酒的方式有两种：桌斟和捧斟。

桌斟：指将酒杯放在餐桌上，瓶口不宜贴到杯口，以免有碍卫生或发出声响。

捧斟：指一手握瓶，一手将酒杯捧在手中，斟酒者最适合站在对方的右侧，正确、迅速、优美且规范地向杯内斟酒，会给对方留下美好的印象。

▌分量

通常，为了方便晃杯和闻香，红葡萄酒斟至酒杯 1/3 处为佳，白葡萄酒则斟至酒杯 1/2 处，香槟可斟满酒杯的 3/4。

▌持杯

葡萄酒杯一般为郁金香型，腹大口小，作用是留住酒的香气，让酒的香气聚集于酒杯上方。另外，足够大的杯肚可以让酒液在杯子里从容淡定地转动，和空气充分接触。

高挑的杯型，细长的杯柄作用是方便持杯，因为葡萄酒是一种讲究温度的饮品。绝大多数的葡萄酒适饮温度不超过 18℃，倘若手握杯

身（手掌的温度通常在 36℃左右），会影响酒的香气和口感。如果从美观的角度考量，细长的杯柄还有一个好处就是避免握杯时指纹沾在杯肚上，影响葡萄酒美丽的"颜面"。

所以，握住酒杯的杯脚，用拇指、食指和中指夹住高脚杯的杯柱是最得体的持杯方法，男士女士均适合。

▌ 碰杯

正确的碰杯姿势是手持杯梗，微微倾斜酒杯，用杯肚轻轻相碰，并配以眼神示意你对对方的敬意。杯肚相碰，听到爽脆的"叮"声即可分开，碰杯时避免杯口相碰。

品酒四重奏，惬意的社交姿态

品味杯中佳酿时，可跨越视觉维度、嗅觉维度和味觉维度，欣赏葡萄酒的色、香、味三者融合的美。

▌ 赏色

观看葡萄酒的颜色，同时观察酒体的清澈度和光泽度，握住杯颈，尽量在白色背景前从酒杯正侧方的水平方向看，或把酒杯侧斜45度角，观察葡萄酒的液面。专业品酒师会透过酒液的边缘线、边缘层和中心区的"酒眼"等，来分析酒龄、产区、年份等特征。

▌ 晃杯

首先，当葡萄酒静止在杯中时，把鼻子靠近杯子闻香气。然后晃杯，用玻璃杯轻轻地将酒以圆周运动的方式旋转，让更多的氧气在旋转中进入葡萄酒里，让酒液与杯中空气混合氧化，释放出更加浓郁清晰的香气来。

▌ 闻香

香味是葡萄酒最精彩迷人的部分，所以闻香是一种享受。闻香时把杯子倾斜，鼻尖探入杯内吸气，让嗅觉迅速捕捉酒香，看它和晃杯前的气味有何区别。正常情况下，好葡萄酒会浓香四溢，通常呈现柑橘类香气、浆果类香气、干果香气等。

▍ 细尝

主要是尝味道、甜度，尝酒的质感是浓厚还是稀薄，是粗涩还是丝般柔滑。尝酒要尝小口，并且要多尝几口，因为有时第一印象并不准确，而且随着时间的推移，酒在杯子中或醒酒器中因氧化程度不一样，口感也会发生不同的变化。专业品酒师会让酒液在口腔中翻滚，并用舌头上、下、前、后、左、右快速搅动，感受葡萄酒的甜度、酸度、单宁、酒精度、酒体、余味这六个方面是否达到了平衡，让舌头充分品尝出葡萄酒的层次、品种、产地、酒龄等。

第六节

咖啡礼仪：咖啡社交，品味时尚

  咖啡，是备受欢迎的时尚饮品，是世界三大主要饮料之一。咖啡甚至成为当下最体面的社交货币，无论是商务社交还是休闲聚会，约一杯咖啡，已经成为时尚流行的社交方式。

  于是，各国各地，环境优雅、香味浓郁的咖啡馆，逐渐成为社交重地。学习和了解咖啡的文化和礼仪，让你的咖啡社交更得体、更自信。

咖啡的神秘起源

对咖啡的起源众说纷纭，比较流行的说法是起源于埃塞俄比亚。据说 1000 多年前，有位阿拉伯牧羊人到伊索比亚草原放羊时，发现羊群在丛林中吃了某种红色果实后，平时温顺听话的羊儿们，突然一反常态，每只羊儿都变得兴奋雀跃，活蹦乱跳。牧羊人于是好奇地尝了几颗红色果实，顿觉疲劳大减、精神倍增，便将这些红色果实采摘回去分享给其他人，从此，咖啡就这么流传开来了。咖啡最早被发现于埃塞俄比亚南部的卡法（kaffa）地区，所以当地人就管它叫 kaffa，后来传到阿拉伯叫作 kawha，传到欧洲英文译做 coffee。

咖啡贵族，人间极品

▓ 蓝山咖啡

蓝山咖啡是世界上种植条件最优越的咖啡，产于中美洲牙买加的蓝山地区，该地区的气候条件、海拔高度、地质结构都是成就"蓝山咖啡"最得天独厚的天然资产。种植在海拔 1800 米以上的、颗粒大、品质佳、香味浓郁、风味细腻、香醇甘滑的蓝山咖啡，散发着浓厚的优越感，可谓咖啡中的贵族。

▓ 麝香猫屎咖啡

麝香猫屎咖啡被称为世界上最贵的咖啡，由于产量稀少，并且发酵过程独特，所以物以稀为贵。麝香猫是树栖野生动物，特别擅长觅食最熟最甜的咖啡豆，从而让麝香猫屎咖啡从原料上就卓尔不凡。经过麝香猫消化系统，咖啡豆被原封不动地排出体外后，由于经过胃的发酵，咖啡更是别有一番滋味。麝香猫屎咖啡因稠度接近糖浆、口感香醇可口而声名远扬，无数咖啡评论家把麝香猫屎咖啡比喻为人间极品咖啡。

▓ 尖身波旁咖啡

尖身波旁咖啡是天然咖啡因含量极低的咖啡，由于基因退化的原因仅有 0.6% 的咖啡因含量。因为尖身波旁咖啡容易感染叶锈病、黑斑病，造成其产量很低，甚至一度被认为绝迹，所以它被视为是世界最稀有、最珍贵的咖啡之一。据说在 18 世纪，尖身波旁咖啡被啡农雷洛伊所发现。它不仅天然低咖啡因并且味道香醇，深受大众喜爱，法国国王路易十五就是其追捧者。

花式咖啡，时尚明星

▌ 拿铁

拿铁（Latte）是意大利浓缩咖啡与牛奶交融的极致经典之作，当咖啡有了牛奶的加持，既减弱了苦涩，又增加了甘甜，所以许多不习惯喝咖啡的人都能接受拿铁。地道的拿铁，配制的比例是牛奶占 70%，奶沫 20%，咖啡 10%，在咖啡顶端再加一些奶泡。奶泡还可以拉花，各种创意花型让拿铁拥有高颜值。

▌ 摩卡

摩卡（Mocha）在意大利文中意为巧克力，Café Mocha 自然就是巧克力咖啡的意思。摩卡是巧克力、牛奶、意大利浓缩咖啡三者的混合，所以，它既有咖啡的醇厚、牛奶的浓郁，还有巧克力的甜美，三者交织融汇的同时，在咖啡的顶端再加一些鲜奶油，让口感更加柔滑更加美妙，成为摩卡独特的风味。

▐▐ 卡布奇诺

卡布奇诺（Cappuccino）是由意大利咖啡变化而来的花式咖啡，主要的原料是意大利特浓咖啡和蒸汽泡沫牛奶。在偏浓的咖啡上，倒入以蒸汽发泡的牛奶，牛奶泡沫温柔地包裹着咖啡，咖啡呈现的颜色就像卡布奇诺教会修士道袍的深褐色，而覆盖在咖啡上尖尖的奶泡形状就如同教会修士戴的头巾一样，而"头巾"的意大利文是Cappuccino，正是此款咖啡名字的来源。

鉴赏咖啡，闻香品味

▐▐ 鉴赏

喝咖啡要像品茶、品酒一样，细细地品味才能体会其精髓。要有个循序渐进的过程，以达到放松、提神和享受的目的。应当先闻香，呼吸一下咖啡那扑鼻而来的浓香；再观色，感受咖啡呈现出来的视觉效果。

▐▐ 闻香

先用鼻子欣赏咖啡的香气，体会扑鼻而来的浓醇香气，捕捉扑鼻而来的浓郁而复杂的芬芳，寻找其中的果香、花香、奶香、酒香等，从闻香气开始慢慢地感受咖啡的美好。

▓ 观色

闻香后进一步感受咖啡呈现的视觉印象，即观色，主要看咖啡的颜色和混浊度，好的咖啡会呈现深棕色，且清澈明亮、透明度良好。如果咖啡浑浊不清澈，很可能是咖啡豆的质量有问题或者是冲泡的方式不恰当。

▓ 品味

感受咖啡的甜、咸、酸、苦四味互动，相互影响、相互抑制。苦味是咖啡最明显的特征之一，优质咖啡的苦涩味，苦能回甘，涩能生津是其品质的象征。咖啡中令人愉悦的是甜味，所以它在咖啡里的地位很高，甜味来自咖啡豆的充分成熟以及烘焙得当、冲煮有方，还有咖啡本身就带有甜味和甜香。咖啡的酸味，首先来源于咖啡豆自带的天然果酸，强弱适当的酸可以增加咖啡的活跃性，酸味有的浓郁、有的沉重，优质咖啡的酸感刺激能让整杯咖啡口感出挑，层次更丰富。咖啡中的咸味主要来自矿物质，咸味擅长躲在其他三种风味的掩盖下。好的咖啡品鉴者，会在酸、苦、甜几种味道达到均衡的时候，品尝和感受咖啡的香甘醇酸苦，然后再根据自己的喜好"加糖"或加奶，让自己喜欢的咖啡风味尽在舌尖。

▓ 醇度

指咖啡入口后的触感、口感。判断咖啡的口感是如同果汁般的清淡轻盈，还是如同糖浆般感厚重浓稠。一般情况下，黏稠度越明显，咖啡在口腔的滑顺度越佳，越能营造愉快口感。

▓ 余韵

感受完咖啡的四种滋味与黏稠感，吞下咖啡以后，回甘会从口腔和咽喉处释放出来，此时，很容易感受到咖啡的滋味在口鼻处留香。很多咖啡爱好者会专心致志地闭口回气赏甜香，享受余韵的其味无穷。

咖啡礼仪，邂逅优雅

▌ 持杯

咖啡杯的正确拿法：拇指和食指捏住杯把儿再将杯子端起，注意手指不能从杯耳穿过去。遇到杯碟同上的咖啡，如果没有放咖啡碟的台子，用右手的拇指和食指捏住杯耳，左手拿咖啡碟；如果有放咖啡碟的台子，托碟必须留在原处，喝咖啡的时候只需右手端起杯子，托住杯底喝咖啡，会十分失礼。

▌ 加糖

加方糖的话，如果直接用糖夹子把方糖放入杯内可能会使咖啡溅出，可以用糖夹子把方糖放在咖啡碟的一侧，再用咖啡匙将方糖轻轻放入杯中，避免溅出的咖啡弄脏台布或者衣服。

如果加小包砂糖，就方便多了，直接撕开包装顶部倒入咖啡中即可。

如果需要加奶精的话，可以趁着咖啡勺搅拌的咖啡旋涡，缓缓加入奶精，让奶精的油脂浮在咖啡表面，这样保持咖啡热度的同时也可以蒸发奶香，让咖啡口感的层次更加丰富。

▌ 咖啡匙

咖啡匙是专门用来搅拌咖啡的，饮用咖啡时应当把它取出来。小匙用毕，要放在碟子上，不要放在杯子里。

搅拌过咖啡之后的咖啡匙，会残留一些咖啡液，这时不要试图甩动咖啡匙让咖啡液脱落，应轻轻地顺着杯子的内缘让咖啡液滑落。

咖啡社交，得体自信

▐▐▐ 节奏

在社交场合，趁热喝咖啡是基本的礼节，最好的节奏是在端上来的 10 分钟内喝完，因为咖啡中的单宁酸很容易在冷却的过程中发生改变，从而使口感变酸，影响咖啡的风味。但喝咖啡时切忌牛饮，需小口小口地品尝。

▐▐▐ 点心

咖啡配点心时，不要一手端着咖啡杯一手拿着点心，边喝边吃。而应该吃点心时放下咖啡杯，喝咖啡时则放下点心。

▐▐▐ 请客

在办公室或家里亲自为客人冲泡咖啡时，应注意单品咖啡八分满，花式咖啡满而不溢。

在没征得别人允许之前，不可替别人的咖啡加糖或奶精，因为对于味道的敏锐和喜好是很主观的。

递咖啡的时候，一定要用双手去递，杯碟接触桌面时要轻放避免发出声响，咖啡端到桌上，尽量调整、摆正咖啡的位置，让咖啡杯的耳朵和勺子朝着客人右手，以方便对方品用。

咖啡社交时，喝咖啡的节奏最好与对方同频，尽量照顾到对方的快慢和感受。如果喝咖啡的节奏太快，对方会误以为你赶时间或想尽快结束交流；如果太慢，对方可能会以为咖啡不合你的口味。

▍做客

作为客人去别人家喝咖啡时，一般情况下不可为自己或别人斟咖啡，因为这是主人，尤其是女主人的分内之事。

做客时，咖啡要趁热喝，不要只顾着聊天而冷落了咖啡，以免浪费了主人的一份心意。

当别人给自己递咖啡时，不必起身去接，待咖啡放在桌子上时，向递咖啡的人微笑道谢即可，避免因递接咖啡时衔接不当，咖啡溅到手上或衣服上，造成不必要的尴尬。

第三章

仪态礼仪

第一节

站姿礼仪：挺拔自信，优雅出众

　　站姿不仅是人最基本的体态之一，还是仪态之首，因为站姿最能表现出一个人的风度和气质。女士站如芙蓉让我们感受到身姿的挺拔秀美，男士站如松柏让我们领会到体态的伟岸壮美，无论何种，人们都因站姿的挺拔自信而卓尔不群、优雅出众。

　　站如芙蓉姿百态、坐如牡丹势端庄、行如茉莉态轻盈。选择一种姿态让自己优雅出众，无可替代。

站姿挺拔出众第一步：正视不良站姿的危害

▐▐ 伤腰伤膝的站姿

骨盆后倾型站姿

站立时，臀部往前压，形成扁塌的臀形，骨盆则向后偏移，小腹前凸，腰椎受力比较大，容易使腰椎关节劳损，导致腰部酸痛。另外，骨盆后倾，让膝关节承受更大的压力，很可能影响膝关节提早退化。

骨盆前倾型站姿

站立时挺胸翘臀，骨盆向前倾斜，臀部前压后翘，导致腰曲过大，腰椎受压迫引起腰痛，还影响膝关节和踝关节的稳定性。

▐▐ 伤脊柱的站姿

颈部前伸型站姿

下巴前伸，以至于耳朵位于肩膀之前，颈部前倾呈秃鹰姿势。颈椎正常的前弯生理曲线不复存在，取而代之的是前倾的直线，容易造成肌肉劳损，导致椎间盘过早退变而出现骨质增生等，也可能会引起颈椎病，引发颈项疼痛、头晕目眩、记忆力下降、耳鸣、听力下降等问题的出现。

含胸驼背型站姿

含胸，是肩部向内扣，会导致胸部下垂，久而久之形成驼背。驼背是脊柱变形，胸椎后突所引起的形态改变。长此以往，脊柱会后凸，腰背肌肉受到牵拉，很容易疲劳甚至酸痛。

正确站姿，站出秀美，典雅高贵

正确的站姿，因为对身体的负担最小，各个关节的负重、压力较小，并且各个关节对位准确、协同合作，让人体骨架处于健康平衡的状态，有利于站立时消耗更少的能量。

正确的站姿身体与地面形成垂直线。虽然我们的脊柱有正常的生理曲线，但视觉上我们的身体可看成是一条直线，并以此为身体的中心线与地面形成90度夹角。

正确站姿的三围立体检测

从正面看

两眉毛连线中点、鼻尖、下巴、肚脐、耻骨、两脚的中间点应该在一条线上，并垂直于地平面。

从背面看

保持脊椎中立，双耳、双肩、双髋、双膝、双踝的连线相互平行，同时这五个部位连成的直线与地平面垂直。

从侧面看

耳垂、肩头、膝关节外侧、外踝关节前2~3厘米处应该在一条垂线上。

正确站姿的要领

立颈

颈部立直，胸锁乳突肌等颈部肌肉群发力，颈部不要往前伸，找到颈部垂直于地面的感觉，下颚微微内收。

沉肩

沉肩：双肩的肩头要平，不能一高一低，保持双肩放松下沉。（如果体会不到沉肩的感觉，可以尝试双臂自然垂放于身体两侧，手臂垂直于地面，感受一下用手指去够地面的感觉，让手指带动手臂，让双肩的肩头明显下沉。）

挺胸

挺胸的关键在于肩胛骨要恰到好处地向下向中间锁紧，同时舒展胸腔。

立腰

腰部发力让腰椎挺拔，摆正腰部的位置不偏不倚，保持脊柱其正常的生理弯曲。

收腹

有意识地收紧腹部肌肉，与腰部肌肉一起协同发力，让脊柱挺拔且健康对位。

提臀

夹紧臀部，臀大肌向上发力，把骨盆有意识地摆正，不前倾也不后倾，而是垂直于地平面。

提膝

双腿用力均匀，膝部放松并有意识尽量上提。双脚脚后跟并拢，脚尖微微张开小于一拳的距离。

正确的站姿，让身体舒展挺拔，身体各部位的协调合作可分解压力，从而站出健康。另外，要站出自信和好气质，还要配合眼神和表情，要面带微笑，目光平视前方。

站姿映照你内心最真实的独白

人在无意间的站姿可谓千姿百态，站姿往往反映内心的奥秘，是一个人内心最真实的独白。美国夏威夷大学心理学家指出，不同的站姿可以显示出一个人的性格特征，以及当下的状态。所以，请重视你的站姿，让你的站姿默默地传达你的自信与美好。

▍ 双手叉腰的站姿

经常保持这种站姿的人，在信心上充满优越感，处事主观直白、干练强势、爱恨分明。

▍ 双手交叉于胸前的站姿

这种站姿自我防护、自我防范意识强，与人交往容易给人态度冷淡、傲慢的感觉，让人觉得难以接近。

▍ 不断变换姿势的站姿

或是身心处于紧张的状态，或是性格使然，习惯这类站姿的人往往个性焦躁、想法变化多样、不安于现状、喜欢接受新的挑战，是典型的行动派。

▍ 扣肩曲背的站姿

扣肩曲背很多情况下是自我防范意识的体现，掩饰自卑、惶恐不安或自我压抑的心理。扣肩曲背的体态容易给人黯然无神、缺乏自信的感觉。

喜欢这类站姿的人，要么装酷，要么警觉性很高，城府较深，凡事步步为营，不轻信别人，也不喜欢表露自己的情绪。

不同场合的得体站姿，处处透着高级感

由于社交活动的不同需要、场合的不同需求，站姿应该与具体环境氛围相配合。而不同场合呈现的不同站姿，都是在正确站姿的基础上，通过手部和腿脚部位的动作变化体现差异。

▍▋▋ **商务场合的端庄站姿**

适合用在正式的商务场合，身体挺拔舒展，双手自然垂于身体两侧，脚后跟并拢，脚尖张开一拳到两拳的距离，双脚靠拢成小"V"字形。这类的站姿显得端庄自信，是你最佳的精神名片。

▉ 社交场合的礼节性站姿

在正确站姿的基础上，双脚呈"V"字步站立，双手叠放在腹前，落在肚脐眼上下两厘米的地方。目光平视前方，表达出谦和、有礼有节的社交姿态。

▉ 宴会场合的优雅交流式站姿

双手手掌相对，轻松地握叠于胸部以下与肚脐以上的空间。脚后跟并拢，双脚靠拢成"丁"字，这种站立的方法能很好地修饰女士的腿部线条，是O形腿型、X形腿型、XO形腿型女性的极佳的站姿选择。而对于正常腿型的女士而言，除了让腿部显瘦以外，也会更显秀美。另外，要注意表情微笑自然，目光柔和灵动，呈现优雅大方之态。

休闲社交场合的轻松站姿

轻松站姿的重点是保持身体主干部分的挺拔，脚位摆放轻松自然即可，但双脚距离要窄于肩部以显优雅，手位可以选择自然下垂或交叉于腹前。

站姿训练，打造最有气质的风景

健康的站姿训练——五部贴墙法，每天 5 分钟，让你站出挺拔自信。

五部贴墙法： 指的是身体背面 5 个部位（头部、肩部、臀部、腓肠肌、脚踝）紧贴墙面，利用平直的墙壁作为矫正身体体态错位的载体，通过每天 5 分钟的贴墙训练，让身体的肌肉形成习惯，从而矫正不良站姿，既有利于身体健康，又能提升仪态气质。

▌ 头部

头部放正，后脑勺紧贴墙壁，颈部立直，感觉颈椎垂直天花板，并尽量向上提拔。

▌ 肩部

双肩肩头贴紧墙壁，肩部放松下沉，肩胛骨夹紧；手臂放松，大臂离开身体一个手掌厚度的距离，手自然垂于裤缝两侧，手指放松自然弯曲。

▌ 臀部

臀部紧贴墙壁，夹紧往里收，确保臀部的肌肉是紧致的不是放松的，但不要撅起臀部。

▌ 腓肠肌

也就是小腿肚，贴紧墙壁，双腿的膝盖尽量往中间靠并向上提。

▌ 脚踝

指的是脚后跟并拢并且紧贴墙壁，双脚掌紧贴地面，把全身的重量均匀地分散到全脚掌。

坚持训练五部贴墙法的同时，面带微笑，配合均匀的呼吸，把气息吸到胸腔，挺胸收腹，感受整个人修长挺拔的美好感觉，呼气时，感受肩部下沉放松，身体做到紧而不僵、松而不泄的轻盈状态。

第二节

坐姿礼仪：坐出健康，落落大方

　　在日常生活和社会交往中，除了站姿之外，坐姿是最频繁展现在人前的姿态。人的一生中大概有 1/4 的时间都在坐着，良好的坐姿不仅有利于健康，而且能塑造稳重、端庄、文雅的个人形象。学习和养成正确的坐姿习惯，坐出健康、坐出美丽、坐出涵养、坐出身段。

长期坐姿不对，危害健康

▍▍▍ 伤害颈椎的坐姿

头部前倾式坐姿

长期坐着伏案工作、用电脑、看手机时，我们的颈部常常会在不知不觉中向前倾。长时间保持颈部向前错位的坐姿，从一开始的肩颈酸痛，久而久之到颈椎关节僵硬、肩颈麻木，进而导致颈椎病和肩周炎。颈椎病和肩周炎已经成为久坐一族的健康威胁。

后仰瘫背式坐姿

臀部坐椅子的 1/3 处，背部靠在椅背的坐法，会使颈椎错位，与颈椎正常的向前凸的生理弧度相反，变成了向后凸，另外还会引起脊柱两侧肌肉力量的不平衡，容易导致颈椎病变。另外，瘫背坐姿从背部到腰间呈现 C 字形的圆弧状，久而久之会导致脊柱变形，诱发腰部酸痛、椎间盘突出、背部僵直紧绷等症状。

▍▍▍ 伤腰伤膝的坐姿

弯腰驼背式坐姿

肩膀向前扣、胸部向内含，弯腰驼背，背部过度向前弯曲，这种坐姿很容易引发椎间盘突出等问题。

骨盘前倾式坐姿

长时间保持上半身前倾的姿势，腰椎所承受的负荷加大，容易出现腰痛、腰肌劳损等现象，甚至会导致腰椎间盘突出症状。这种坐姿会使身体骨盆向前倾、坐骨往后移，加大腿部压迫的同时，容易造成血液循环不畅，容易引起腿部肌肉僵硬、膝关节麻痹等不良后果。

正确坐姿，坐出健康、坐出气质

▌保护脊椎的正确坐姿

正确坐姿，既能保护肩、颈、腰、腿的健康，又能让身体各部位、各关节各就各位，协同合作分解压力，让人体的能量消耗合理，让人体处于"节能模式"状态。

▌正确坐姿，坐出健康五要领

身体摆正

调整坐姿的第一步是摆正身体，保持身体重心在坐骨中间，保证身体没有扭曲、不驼背、不歪斜，以免长期坐姿倾斜和扭曲，导致椎间盘出现问题。

保持两个 90 度

上半身与地面呈垂直的状态，上半身与大腿呈 90 度、大腿和小腿呈 90 度。

腰背立正

用腰背的力量使上半身挺拔，以免弓腰驼背，导致脊柱错位。

双肩舒展

避免含胸扣肩，展开双肩，让双肩的肩头放松、下沉。

骨盆垂直

摆正骨盆，让骨盆垂直于地面，避免骨盆前倾、后倾或侧倾，以免造成肌肉紧张而劳累劳损。

▉▉ 给久坐人士的四个建议

避免久坐

研究显示：人站立时，腰椎的负荷如果为 100% 的话，人落座后，上身直立腰椎负荷约为 150%。因为当人体站立时，身体的重量有一部分转移到脚部，成功地帮助腰椎分散了压力；而人体落座后身体的重量只能集中在腰椎上。所以，难怪俗话说：腰病是坐出来的，原来腰椎坐着比站着承受更大的压力。所以避免久坐不动，定时起身站站走走，不要一直保持一个姿势久坐不变。

贴近椅背坐

在工作中需要久坐时，如果没有靠垫的情况下，整个臀部坐满座椅，并且让背部尽量贴近椅背，维持背部挺直。需要长期久坐工作的人，最好在椅背上加个靠垫，保持腰背部的自然生理弧度，从而保护脊椎的健康。

避免长时间跷腿坐

跷二郎腿时，骨盆侧倾，身体的重量、重心只在一只腿上，长时间坐姿不变地翘一侧二郎腿，不利于血液循环，而且身体受力不均容易造成脊椎畸形弯曲。所以，避免长时间跷腿坐，要适时变换坐姿，让腿部双脚脚掌水平着地或者双脚踝轻松地交叠，有利于放松肌肉，使身体各个部位受力均匀。

面对电脑久坐工作时，电脑屏幕应放在视线正前方，最理想的角度是下巴的水平延长线正好在电脑屏幕的中间，因为如果电脑屏幕不居中而侧偏的话，身体会不知不觉地迁就屏幕，容易导致身体倾斜和扭曲，从而引发椎间盘问题的出现。

坐姿礼仪：坐出教养，沉稳端庄

▮▮ 入座有方

正式场合，与其他人一起就座，要注意先后顺序，礼让尊长，等尊长入座后再坐。

入座的动作要轻、要稳、还要快慢得当。另外，女性穿裙装入座时，先抚裙再落座，会给人端庄优雅的印象。

▮▮ 坐姿有礼

古语有云："女子站坐不开膝"坐下之后，双脚并齐，膝盖并拢，是有教养的体现。

▮▮ 离座有序

和别人同时离座，离座时要注意礼仪序列，尊长优先，离座动作要轻缓，不要突然起身离座，也不要因为离座弄出响声或将物品弄掉在地上，以免打扰或惊吓到他人。

坐姿的场景应用：随时随地落落大方

与人交流时，无论是哪种场合下的坐姿，基本要领如下：颈肩腰背挺拔舒展，臀部尽量坐椅面的 1/2 或 2/3。

▌ 正式场合

端庄式坐姿

上身挺直，骨盆中立，臀部尽量坐椅面的 2/3。双肩平正，两手交叉叠放在两腿中间，两膝并拢，脚后跟并拢，脚尖微微打开小于一拳的距离，大腿和小腿成 90 度，小腿垂直于地面，这种端庄式坐姿适用于比较正式的场合，比如正式的重大会议、各种典礼、颁奖仪式等。

前后式坐姿

在端庄式坐姿的基础上，只要变换脚步姿势即可。一只脚的脚掌在前，另一只脚稍微靠后，在正式场合，两脚的前后距离控制在半只脚的长度比较合适。

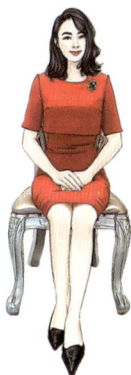

社交场合

丁字步坐姿

适合于社交场合的优雅坐姿，腰背挺直、双肩舒展、双膝并拢居中，两脚呈丁字形，双手叠着放在膝盖上，这种手势配合丁字步的脚位，减小了腿部在空间的占有面积，显得腿部纤细，是最优雅最淑女的优美坐姿。

钩脚踝坐姿

在丁字步坐姿的基础上，变换脚步姿态。一只脚的脚踝轻轻钩住另一只脚的脚踝，可营造轻松的感觉，但注意钩脚踝的幅度不能太大，鞋底部不能示人以免失礼。钩脚踝还可以分为两种：正位钩脚踝式（图左）和侧位勾脚踝式（图右）。

▌ 休闲场合

叠腿式坐姿

叠腿式也叫"跷二郎腿"，适用于轻松的休闲场合，在标准式坐姿的基础上，膝盖居中，两腿向前，一条腿提起，腿窝落在另一腿的膝关节上。要注意上边的腿向里收、贴住另一腿，脚尖向下。特别需要注意的是跷二郎腿，不能一直只跷一边，一段时间后要反过来翘另一边，以免长时

间骨盆侧倾不利于身体健康。

前倾放松式坐姿

让身体前倾寻找一个可靠的支点支撑上半身，分散身体核心肌群支撑身体的压力，比如，可以选择把手肘放在桌面上，或者把手肘放在跷着二郎腿的膝盖上，让腰腹的肌肉放松。

轻松舒服式坐姿

日常生活中，休闲时光里，不需要这么刻意的端坐，取而代之的是轻松舒服的坐姿，臀部尽量往后坐，让腰尽量贴近椅背，双手可随意摆在大腿或椅子上，但一定要腰背立直，不能瘫坐在椅子上。神态从容自若，表情自然，目光平视前方或注视交谈对象。

第三节

走姿礼仪：步态轻盈，走出气质

　　如果说站立是一种静态的美，那么走姿便是一种流动的美，无论是在日常生活还是在社交场合中，走姿，是一种动态的视觉冲击，往往是最引人注目的身体语言，而行走姿态能够不折不扣地展现出一个人的风采和韵味。

　　《诗经》中描写"有女同行，颜如舜英。将翱将翔，佩玉将将。"形容花容月貌的孟姜，步履轻盈得像鸟儿飞翔。女性的走姿应体现阴柔之美，步伐以蕴蓄娴雅为佳，所谓行如茉莉态似雪，步履轻盈气质佳。

优雅步态的四个步骤与三个核心要点

▓ 优雅走姿四步骤

抬头挺胸

保持上半身挺拔，脊柱向上伸展，头正、沉肩、挺胸、收腹、立腰是走姿好看的基础。因为任何垂头、扣肩、含胸、弓腰的走路姿态都会让人感觉精神不振，毫无气质可言。

脚跟先着地

抬腿落脚时，大腿带动小腿，保持脚后跟先着地，把身体的重心稳稳地过渡到脚掌、脚尖，踩实后再抬另一只脚的脚后跟，如此反复循环，目的是更好地控制脚步的力道和保持平稳的身姿。

自然摆臂

双肩向后舒展，双臂自然下垂于身体两侧，用肩动带动大臂和小臂自然协调摆动，肘关节微曲，摆臂幅度在 30 度左右为宜。

膝内侧摩擦

在行走过程中，脚跟提起的腿屈膝，另一腿膝部绷直舒展，两脚如此反复交替进行的过程中，两膝内侧靠拢并轻微摩擦，减小胯部和腿部的体态在空间的占有面积，从而显得身段秀美。

▓ 优雅走姿三要点

步幅

是指行走时两脚之间的距离。步幅一般是一只脚长或一只半脚脚长的距离。也就是一脚迈出落地后，脚跟离另一只脚脚尖的距离恰好等于自己的一只脚长或一只半脚脚长。

步径

指的是走路时脚落地应放置的位置、路径。可以分为"直线步径""窄平行线步径""外开30度步径"，并分别适用于不同场合，本节下文会详细介绍。

步韵

走路的节奏流畅，步伐平稳均匀，膝盖和脚踝富于弹性，手臂自然轻松地摆动，步姿轻盈，体现女性典雅的窈窕之美。

步态轻盈，轻松驾驭三大场合

▌工作步态

工作场合适合走以直线为中心的"外开30度步径"，行走时脚跟踩出一条直线的同时脚尖微微外开不超过30度，脚步微微外开的角度，有利于脚步的稳定、步伐的从容，便于行走时轻盈快捷。工作场合讲究效率，步伐矫健、快抬脚、迈开步、轻落地，走路神采奕奕，呈现最好的工作状态。但脚掌外开的角度不宜过大，否则，容易走成"外八字"，毫无

美感可言。

▌▌ 社交步态

社交场合适合走"直线步径"，也就是脚后跟着地的点，应与前行的方向几乎成一条直线，走直线步径的关键是双膝曲直交替时，膝盖内侧要轻微摩擦，以减小行走中移步时占有的空间位置，使行走的步态更加秀美婀娜。如果行走时腿部力量柔韧有余，步履如行云流水般流畅自然，步态款款轻盈，则会让人展现出优雅迷人的气度，可谓仪态万方、妙不可言。

▌▌ 休闲步态

休闲场合适合走"窄平行线步径"，着平底鞋时，行走中脚跟踩出一拳之隔的窄平行线，迈步时脚尖应向着正前方，脚跟先落地，脚掌紧跟落地，步伐矫健轻快，步履节奏感鲜明，给人一种便捷利落、步履灵活富有弹性的动态美，充满朝气。

走姿礼仪，走出得体与涵养

▌▌ 同向行走

注意位次

两人并排同行，以右为尊，以道路内侧为尊；三个人并排同行，由尊而卑顺序依次是居中为尊、居右次之、居左为卑；前后排同行，以前排为尊，尊长、客人、女士在前；晚辈、主人、男士殿后。

礼让尊长

并排行走时，让长辈或受尊重的一方走在相对安全、便捷的内侧，自己走在尊长的外侧，比如，走楼梯时，把有扶手的内侧让给长辈，以便他们更有安全感。

礼貌告知

与人同向行走时，如有急事需要超越他人，尤其在狭小的过道，避免悄无声息地从中间穿行，应先告知一声："劳驾，请让一下"，善意提醒对方后，再从侧面通过。

保持距离

同向行走时至少要与人保持三个身位的距离，不要近距离地尾随于他人身后，走路时步幅要均匀，行走速度不要突然过快或者过慢，以免与同行人发生身体碰撞。

▌▌相向行走

靠右让道

与人相向而行，不抢道，尽量靠右边礼让出主道的空间。

主动致意

与熟悉的人相向而行，尽量要主动点头致意以示友好，避免尴尬。

走姿得体

走路时不要拖着鞋底不离地面，以免显得有气无力、邋遢散漫，让别人对你的印象大打折扣。

注意形象

在酒会、自助餐会上，不要边走边吃，有损形象。

步态优美的走姿训练，让你和优雅之间的距离不再遥远

▌▌ 走姿轻盈的平衡训练

走姿训练前，先保持挺拔正确的站姿，并在头上顶本书。开始行走时，注意训练行走的稳定度，以保持书本不掉下来。通过训练，使颈部竖直、双肩舒展、腰背立直的同时，控制好上半身不随便摇晃，步伐稳健轻盈，节奏流畅自然。

▌▌ 高跟鞋的自信走姿训练

调整姿态

要走好先站好，当你穿上高跟鞋时，先调整身体的姿态，充分运用腰部、腹部肌肉，让自己站得更提拔，立颈、沉肩、挺胸、立腰、收腹、提臀，目光平视前方。

联合用力

臀部、大腿、膝盖联合用力，不要把全身的重量集中压在脚掌上，脚掌压力得到分解，走起路来，才能轻盈飘逸、挺拔自信。

鞋跟先行

胯部发力，抬起大腿，带动小腿和脚自然迈出去，鞋跟先落地，把身体的重心缓缓过渡到脚掌和脚尖，再顺势迈出下一步，同样的，脚后跟着地，如此反复，连贯流畅地优雅前行。

膝盖摩擦

膝盖一直一曲间挪动重心的同时，两膝盖内侧相互轻微地摩擦，脚尖指向正前方，两脚掌微微外开 30 度左右，这样行走会显得更稳更优雅。另外，走路的时候，膝盖挺拔有劲，会让人显得修长。

步伐流畅

穿高跟鞋走路，鞋跟越高，步伐就要越小，走起来才能越稳越流畅。另外，走路时自然摆动手臂可以保持身体和步态的平衡。

熟能生巧

屈膝提腿向前方迈出时，脚跟先落地，经脚心到脚掌至全脚落地，膝盖内侧轻微摩擦，另一脚后跟向上抬起，脚跟先落地，身体重心向前移，将以上动作反复连贯运用，循序渐进练习，直到熟能生巧，练就流畅自如的高跟鞋步态。

第四节

微笑礼仪：暖心微笑，升温情感

　　表情，是内心情感体验的反应和表达。微笑是所有表情中最能打动人心的一种。一个微笑的力量，有时抵得过千言万语。因为微笑是最有温度的情感传递，也是最简单有效的社交方式。微笑就像温暖的春风，可以融化人与人之间的冷漠，微笑就像和煦的阳光，能够让人与人之间的情感快速升温，为更深入的沟通与交往创造融和的气氛。早在1948年，世界精神卫生组织就把每年的5月8日订立为"世界微笑日"，希望通过微笑传递亲切与友善，增进社会和谐。

用微笑"融化"职场问题

文学家胡适先生说:"世间最可恶的事,莫过于一张生气的脸,世界上最糟糕的事,莫过于把生气的脸摆给别人看。"所以微笑是你最美的样子,尤其是在职场上。

职场是一个特别需要微笑的场合,因为职场如战场,成败得失,竞争较量,压力挫败等,都会让我们身心疲惫、心力交瘁,用微笑"融化"职场问题无疑是上策。

▌ 微笑缓解压力

根据科学调查研究发现,笑的时候体内产生多巴胺,能让我们感觉轻松愉悦,进而能缓解压力。

▌ 微笑缓解疲劳

微笑能够增加我们的免疫能力,能够使我们的副交感神经处于活跃的状态,从而使得我们的肾上腺素降低,进而缓解我们的疲劳。

▌ 微笑提高效率

微笑能够让大脑变得活跃,从而使得脑神经的信息传递速度变快,这样会增强人的记忆力,无形中会使人提高工作效率,事半功倍。

▌ 微笑活跃气氛

在工作中,如果每个人的表情都是刻板、僵化、不苟言笑的,就会形成暮气沉沉的职场状态,容易让人身心倦怠、影响工作心情。与之截然相反的是，微笑能让职场生机勃勃。因为微笑具有感染力，一个人微笑着面对同事，同事们随之投桃报李，笑脸吸引笑脸，那么微笑在工作中就会传递开来，久而久之，当微笑形成习惯，就会营造出既轻松愉快又积极正向的职场氛围。

▍▍▍ 微笑表达敬业

在职场中保持微笑，是一种情绪稳定的工作态度，是一种与人为善的合作精神，有利于工作顺畅有效地进行。据表情学家统计，人类的笑有 19 种之多，但我们可以把笑分成两大类，一类是内心情感的直接表达，另一类是表达善意的沟通工具。在工作中，长期保持微笑、表达善意是一种敬业的表现。

用微笑勾勒社交好人缘

微笑能强化"与人为善"的第一印象。第一印象在心理学中称为首因效应，是指初次见面接触时给人留下的印象。第一印象形成的时间很短，大概 7 秒钟，但在别人的记忆中持续的时间却很长很深刻。而初次见面时，面带真诚的微笑，很容易获得亲切、友好、诚挚的第一印象。

因为微笑是人见人爱的表情，所以，面露微笑的人总是容易受人欢迎。用微笑勾勒好人缘，社交圈子就会增大、人脉便会变广，成功的机会自然就更多。正像古龙说的："爱笑的女子运气不会太差。"也正像印度诗人泰戈尔说的："当一个人微笑时，世界便会爱上他。"

因为微笑，所以心生美好

　　面带微笑最大的好处是心生美好，从而使自己保持身心健康。表情学家说，人的面部表情和心情是紧密相连的，身体和心灵不分家。经常保持微笑的人，会越来越乐观，越来越容易感觉快乐。有心理学家认为这是行为心理学，是行为反作用于心理的表现，通过微笑的行为改变内心的想法。

在生活中，笑面人生的高低起伏，把微笑转化成力量，我们不仅可以因为幸福所以微笑，我们还可以因为经常微笑所以备感幸福。

如何练就人见人爱的暖心微笑

暖心微笑公式＝微笑训练＋喜笑颜开＋定格笑颜＋笑面人生

▋ 微笑训练，眉开眼笑

面对镜子，平视镜中的自己，先放松面部肌肉，微笑时使嘴角微微向耳朵的方向翘起，让嘴唇呈弧形，苹果肌上提，面部肌肉自然舒展，眼神内收，眉开眼笑。对镜训练时可以播放欢快的音乐增加气氛，选择 3 分钟左右的音乐，音乐开始，微笑训练开始，训练时微笑保持 3~5 秒，欣赏自己在镜中的笑脸，然后，收回微笑 3~5 秒放松表情，再训练微笑 3~5 秒，再收回表情放松面部肌肉，如此循环，直到 3 分钟左右的音乐结束。

▋ 喜笑颜开，暖心微笑

笑如果只局限于脸部肌肉的活动，只会是刻板的"形"笑。只有真正的发自内心的微笑，才是神形兼备的微笑，这样的微笑才具有感染力，才能暖人暖心。发自内心的喜笑颜开，就如同根植于泥土中的鲜花，源源不断地绽放出生命力。

如何让微笑"情动于中而形于外"？可以运用微笑想象法，唤醒自己内心的美好，从而喜笑颜开。闭上眼睛，回忆过去美好的场景，回忆与家人、朋友共度的快乐时光，让自己的快乐从心出发，从内心到脸部，因心欢喜到脸绽放笑颜，让微笑源自内心、有感而发。

在生活、工作、社交中，暖心微笑从欣赏身边一切美好的事物开始，用欣赏鲜花的眼睛看世界，世界便充满花香，把心打开，脸上自然绽放暖心的笑花。

▌▌ 定格笑颜，笑出自信

打开手机的自拍功能，从横向和纵向的不同角度观察自己。

首先定位横向角度：面对自拍镜头，脸部从左到右、再从右到左缓慢地水平扭转，从镜头中观察自己哪个角度好看，当你找到最满意的横向角度后，就可以向纵向角度推进。

在横向定位的基础上，轻抬下巴让脸部微微往上抬，然后，轻轻低头，慢慢让下巴找锁骨，下颌内收。在仰头和低头之间，在镜中找到最好看的纵向角度。

纵横结合，找到了最佳的微笑上镜角度后，每天给自己拍一张好看的照片，直到拍到自己满意的笑脸为止，从中选取最满意的保存起来，每天打开它，并反复对镜训练。肌肉是有记忆习惯的，脸部肌肉也一样，用微笑习惯来定格笑颜，让自己笑出自信。

▌▌ 心由相生，笑面人生

坚持微笑，让微笑形成习惯，习惯成自然。每天坚持让微笑挂于脸上，让微笑成为你习惯性的表情，乐观的心态就会进驻你的内心。因为不仅相由心生，心也由相生，心和相相互作用，如此良性循环，自然笑面人生，收获暖心微笑。

第五节

眼神礼仪：目光交流，自信有神

"一身精神，具乎两目"，眼神一向被认为是人类最明确的情感表现和沟通信号，在面部表情中占据主导地位。微表情学家认为，人的眼睛会说话，通过眼睛说出的话往往比嘴里说出的话更真实、更生动。

如何透过眼睛这扇灵魂的窗户，解码对方心中的想法？与人面对面交流时，我们的眼神应安放于何处才得体？我们怎样才能练就自信的眼神？

了解眼神的秘密，让商务沟通更具优势

《孟子》告诫我们，"存乎人者，莫良于眸子，眸子不能掩其恶。胸中正，则眸子瞭焉。胸中不正，则眸子眊焉。听其言也，观其眸子，人焉廋哉？"意思是观察一个人，最好的办法莫过于观察他的眼睛。眼睛掩盖不了一个人的丑恶。心胸正直，眼睛就明亮；心胸不正，眼睛就躲躲闪闪。所以，听一个人说话的同时，注意观察他的眼睛，这个人的善恶真伪能隐藏到那里去呢？

在日常商务交往中，通过眼神的接触，你往往能探测到他人内心隐含的本意。当然，如果想要在商务交往中淋漓尽致地表达自己的内心情绪，也必须运用好自己的眼神。下面，总结一下如何通过眼神表达真诚和尊重，如何避免眼神的无礼以及如何判断对方眼神的端倪。

▍真诚的眼神

面对面交流一般以直视的方式注视对方，注视对方的时间要大于交流时间的30％，表示正在认真地倾听，表现对话题的专注，表达对对方的尊重。

▍重视的眼神

与别人谈话时眼睛全神贯注地凝视对方，凝视时间占谈话时间的60％，表示重视、专注、恭敬。如果是晚辈面对尊长，可以主动让自己的头部处于低处，抬头向上注视对方，以表达敬仰之情。

▎▎ 无礼的眼神

面对面交流时，切忌眼睛不要东张西望、左顾右盼、心不在焉、不停地看手表，这种眼神常常会给人一种目中无人的感觉，往往意味着轻视对方，没有深入交流的意愿和兴趣。商务交往中，这种行为会给人缺乏修养、不懂得尊重别人的无礼印象。另外，也不要低头向下注视他人，这是轻视别人的表现。再者，长时间将视线直视对方，让对方会感觉不自在，会让对方以为你在窥视他心中的隐秘，也是无礼之举。

▎▎ 敌对的眼神

眼睛直瞪对方，表明怀有强烈的敌对心理，表示愤怒、威胁。动物学家发现，动物通过眼神直瞪来恐吓对方，攻击对方的形式也多数是从眼神的怒目相向开始的。商务交往中，眼神的注视方式不适合目不转睛地长时间盯视对方，这样做往往被认为是一种挑衅。与人交流时，我们也不应该直勾勾地看着别人的眼睛，这会给对方一种"咄咄逼人"的感觉。

▎▎ 心虚的眼神

在面对面沟通过程中，如果对方眼神飘忽不定、躲躲闪闪，很可能表明他因心虚而心神不宁，害怕被看出什么端倪来。在心虚的状态下，目光常常不敢聚焦于对方的眼睛，不敢直视对方，时常不自觉地看向别处，表示胆怯、疑虑、有所隐瞒。

目光交流的得体空间

人类行为学著作《捕获人心的科学》中介绍了三种不同的凝视区域：第一种是友善凝视区，位于双眼与嘴巴的三角区域，表达的是亲切和真诚；第二种是亲密凝视区，眼神看向嘴唇以及嘴部以下的身体区域，是原始的吸引异性的暗示行为；第三种是较量凝视区，是双眼与额头的三角区，凝视这个地方往往带有攻击性。

把这三种不同的凝视区，运用到职场的商务交往中，让不同意图的商务交流都有得体的眼神安放之处。

▌友善目光凝视区

同事间沟通、客户之间交流，目光应当友善诚恳地落在以两眼为底线、唇心为下顶点所形成的倒三角形区域，谈话时注视对方这个区域，让双方都感到轻松自然，营造出一种良好的交流气氛。

▌理性目光凝视区

以两眼为底线、额中为顶角形成的一个三角区，属于理性目光凝视区。一般适用于正式的磋商、谈判、洽谈，是表达严肃认真、公事公办时常常使用的一种凝视。在正式的商务沟通交谈时，如果你看着对方的这个区域会显得态度认真，让对方感受到你的诚意和尊重的同时，又避开了眼神与眼神的直接交流，让对方无法从你的眼神中解读你的态度、决定和想法等信息，从而侧面助力你在谈判时更有主动权和控制权。

▌▌▌ 亲密目光凝视区

下巴到胸部，属于亲密凝视区，只适合亲人、恋人和家庭成员之间注视的位置。商务交往中，这个区域不适合目光凝视，以免带来不必要的尴尬。

如何练就自信眼神

自信的眼神应该具备两个特点：一是眼神要有神采，炯炯有神；二是眼神要有定力，坚定聚焦。这两点是练就自信眼神的关键。

▌▌▌ 运目训练，让眼睛有神采

运目训练是很多演员，尤其是戏剧演员一定要训练的基本功，因为："一身之戏在于脸，一脸之戏在于眼。"比如，我国著名的京剧表演艺术大师梅兰芳，因为从小双目近视且眼神没有神采，所以17岁那年开始养鸽子进行运目训练直到晚年。长期训练眼神的梅兰芳，收获了灵动传神、或英或武、或娇或媚的眼神。无论是表演《霸王别姬》中的虞姬，还是《贵妃醉酒》中的杨玉环、《天女散花》中的天女……都能收放自如，顾盼生辉。

昔日梅兰芳养鸽子练眼神，最核心的作用是运目，也就是转动眼球的训练，目的是加强眼球的灵动性和眼周的血液循环，让眼睛更加清澈、明亮、有神。

如今，我们完全可以用手指代替鸽子，进行简单方便的运目训练，让我们的眼睛更有神采。

左右运目训练

头部保持不动，右手一手指比画出阿拉伯数字 1，举起右手，手指指尖落在比眼睛的水平线略高的左前方，眼球看向右手手指尖的方向，接着，右手手指指尖落到同等高度的右前方，眼球随着指尖转动，如此反复：眼球的运动轨迹是从左到右，再从右到左。

360 度运目训练

先介绍手部的动作：右手手指画一个平行于身体的圆，手指画的这个圆要大，尽量画得像呼啦圈那么大，画圆时手指的幅度要高过头顶，低于肚脐。要点是头部不动，慢慢地眼随手动画圆，眼珠尽量转动到极致，眼随手动顺时针方向极力转 3 圈，再反时针方向转 3 圈，刚开始练习时可能会有一点头晕不适，循序渐进，慢慢适应就好。

▋ 聚焦训练，练就坚定自信的眼神

王家卫说过，"梁朝伟是可以不用嘴巴，单靠他的眼睛就可以演戏的演员。"他的评价绝非夸张。高超的"眼技"已经成为梁朝伟的代名词，也让他在影坛获奖无数。都说梁朝伟的眼神是个谜，其实梁朝伟的眼神是"练"出来的。据说他童年时喜欢对着镜子说话，镜子前的眼睛和镜子里的眼睛，经常四目相对，其实就是眼神训练中的聚焦训练。具体方法如下：

在离身体 1 米左右的距离，点燃一根蜡烛，眼神要聚焦集中在蜡烛的火焰上，开始训练时，时长从 1 分钟开始，随着眼神慢慢适应，可以加时到一次 5 分钟到 10 分钟不等。动作练完后，可以把手掌搓热，掌心轻按眼眶，以热力滋养眼睛。

第四章

服饰礼仪

第一节

穿衣规则：社交着装，得体至上

在社交场合，着装被视为是一个人最显而易见的名片。美国著名"总统礼仪顾问"威廉·索尔比说过：当你走进一个陌生房间，尽管房间里没有人认识你，但仅凭这一面之缘，别人会从你的外表对你做出以下这些方面的判断：社会地位、家庭教养、受教育的程度、是否是成功人士、可信任水平等。所以，得体的衣品是"信得过"的"担保"。

俗话说得好：先敬罗衣后敬人。

服饰在一定程度上决定别人对你的印象和态度。"穿衣讲规则，体面知轻重"。按照四维穿衣规则，在不同时间、不同场景，着装符合身份、人衣和谐，会让人赏心悦目、一见难忘。

时效适合原则

指根据不同的时间段呈现不同的穿衣效果。时间段，是个广泛的概念，包括一天的早、中、晚，也包括季节的春、夏、秋、冬，还包括一段时间范围内服装流行趋势下的主流价值观，不穿过时的被时代淘汰的服装款式，当然经久不衰的经典款和复古风格的服装并非过时的服装，过时是指不符合当下审美观念的、与潮流背道而驰的非经典款式。

过时的服装不同于复古风格的服装，因为复古的服装仍在流行。着装得体，体现审美、眼界，也是能力的体现，因为你所穿的就是你最直观的表达。

时效适合原则，很明显地体现在国际社交着装中，白天参加隆重的活动，男士穿晨礼服、董事套装或西装；女士穿午服，也就是款式偏隆重的套装或连衣裙。晚上参加聚会活动，男士穿塔士多礼服或燕尾服，女士穿偏华丽的小礼服或隆重的大礼服。

场景适应原则

穿衣搭配要适应环境，这里的环境，不仅是自然环境，更重要的是人文环境。环境又细分为各个场景，所以，穿衣要符合场景原则。

西汉的《礼记·玉藻》中记载："衣正色，裳闲色。"正色指青、赤、黄、白、黑五种纯正的颜色，象征着高贵，用于正装，穿在工作、社交场景；闲色即两种原色相互混合而成的颜色，只能作为便服，在生活休闲场景穿着。

时至今日，我们每天都置身于不同的场景之中，我们的穿衣策略应该是：工作场景穿规则，社交场景穿经典，休闲场景穿舒适。

工作场景

工作场景穿规则，尤其是参加正式会议，男士穿正装、打领带出席，女士穿商务套装或套裙为宜。如果冬天特别寒冷，在正式的工作场景中，穿着羊绒大衣的外套比羽绒服外套更合适，因为羽绒服属于休闲装，不属于正装。

休闲场景

休闲场景穿舒适，特别是在白天户外活动时适合穿得休闲轻松、活泼明媚，比如高尔夫社交运动就要穿得舒适娴雅。而在与朋友休闲聚会、聚餐等场合，着装应轻便闲适。

社交场景

社交场景穿经典，特别要注意邀请函上着装规则"DRESS CODE"的附注，以避免穿着不到位引起不必要的尴尬和麻烦。

"Ultra-formal"（极正式），指极正式的典礼、隆重的宴会等，须着大礼服前往。有时候附加说明直接写"White Tie"（白领结），也就是要求男士着燕尾服，而女士应穿隆重的长礼服或华丽的旗袍前往。

"Formal"（正式），须着小礼服参加，有时候附加说明如"Black Tie"（黑领结）也就是要求男士着塔士多，相对应的，女士要穿小礼服。

"Semi – formal"（半正式），男士适合穿董事套装，女士适合穿轻礼服。

"Informal" 大多指 "business formal"（商务正装），男士着深色西服套装、领带、正装鞋是最基本的要求，女士则可穿套装。

燕尾服　　　　长礼服　　　　塔士多　　　　小礼服

人衣适宜原则

服饰搭配的最高境界是人衣适宜，也就是人衣和谐。正如著名服装设计师马克·雅可布（Marc Jacobs）曾说："衣服是因为穿上而有意义。"衣服穿在着装者身上最大的意义就是恰到好处地表达服装和人的美，达到人衣合一。

人衣和谐，表明衣服没有喧宾夺主，抢了穿衣者的风头；人衣和谐，证明服装不会太弱，不至于配不上人这个主角；人衣和谐，可以很好地呈现出穿衣者的气质。

要做到人衣和谐，少不了从三大服装元素入手：颜色、面料、款式。

▋ 颜色

穿衣服时，选择什么颜色，客观来说，要考虑肤色，尤其是脸色的冷暖、深浅以及发色、眉色和唇色。

▋ 面料

在选择材质方面，要考虑肤质是光洁细滑，还是略有瑕疵，如斑点暗疮，要考虑你的面部是骨骼感、偏立体还是偏圆润，从而来选择服装面料是平滑还是富有肌理，是强光泽、弱光泽还是哑光。

▋ 款式

要根据身体线条的感觉是偏硬朗还是偏柔美，来决定服装领子、袖子、下摆、衣身、版型等的线条走向和装饰的分量，以及服装款式的长与短、宽与窄和具体的比例。

人跟衣服的关系就如同水与船一样。水能载舟也能覆舟。衣服能够很好地去帮我们表达我们的态度，表达我们对别人的尊重，展现我们当下的积极状态。但是，也能误导别人，让别人对我们产生误会。

人衣要合一，首先我们必须要非常了解撑起衣服的我们这个人的衣架子，切忌一不小心，穿出了人被衣服压迫着的感觉。衣服只有穿在合适的人身上才会发光，人只有在穿合适的衣服时才会恰到好处地发亮。人与衣服适配成功，既可帮助你像珍珠一样丰润亮泽，也可让你像钻石一样熠熠生辉。

身份适配原则

与身份适配的得体着装，与社交或商务目标相吻合的穿衣策略，是高情商的表现，是受人欢迎的前提。比如，在婚庆宴请等社交场合，如果你的身份并非主角，穿衣目标就要做配角，要穿得比新娘低调。如果与身份适配原则相反，穿得比主角还要跳跃鲜亮，喧宾夺主，就违背了基本的社交尊重规则。所以，以身份为导向目标的穿衣搭配，什么时候当红花，什么时候做绿叶，要心中有数。同样的，人在职场，穿衣打扮并非越出挑越好，因为职场并非秀场，要做到着装有度！要根据行业特征、岗位属性、职位高低等因素，恰如其分地着装。

其实，古代的官场早有根据身份适配穿衣的规则。在《新唐书·车服志》和《旧唐书·舆服志》中记载，唐朝官服的不同颜色代表官吏品级的高低。如文武官三品以上穿紫色，四品穿深红色，五品穿浅红色，六品穿深绿色，七品穿浅绿色，八品穿深青色，九品穿浅青色。

身份适配穿衣原则是古今中外的职场几百上千年来沉淀下来的智慧。所以，在商务职场上，穿成你的客户、合作伙伴、领导、同事喜闻乐见的专业的、可靠的样子，让你的"战袍"每时每刻默默地传递你的专业度和可信赖程度，至关重要。

第二节

面试着装：初次亮相，不同凡响

面试是走上工作岗位的必经关卡，求职面试是非常讲究效率的"仪式"。在应聘中，第一印象很大程度上决定面试者是否被录用，所以，亮眼亮相、不同凡响是取得面试的成功关键。

心理学界提出的第一印象"55387"定律指出，初次见面，你给别人留下的印象是好是坏，55%来自你的着装，38%来自你的表情和举止，最后的7%是你的言语。"55387"定律启示我们，在面试中一定要重视着装礼仪，给面试官留下一个"肯定"且"深刻"的第一印象，让面试官透过你的着装，看到你全力以赴的职场态度。

面试不是要求你的穿着有多好，而是根据所面试的不同行业，如何穿着到位，赢得认同。

权威职场适合穿商务正装

商务正装适合政府机关、事业单位、国企、银行、金融、法律、审计等权威职场，用来体现严谨、专业、公信力。特点是可以增强气场，着装相对严谨，自由度比较低。

女士的商务正装着装原则：西装外套＋衬衣＋半裙＋丝袜＋船鞋

▌ 西装外套

面料以毛料为主，大面积闪亮的面料或装饰是其禁忌。

款式以合体为主，不要刻意过度收腰。

最好选择深色系，因为深色更显正式和庄重，会给人端庄稳重的第一印象。暖色调皮肤选偏深的暖色，冷色调皮肤选偏深的冷色。根据肤色冷暖穿衣，有利于面试时让面试官看到气色红润、精神抖擞的你。

▌ 衬衣

为了破除深色职业套装的刻板印象，可以选择与众不同的或有细节设计的衬衫领口，比如把传统的翻领变成立领，或者在领口的位置增加细节点缀等，会给面试官留下眼前一亮的印象。

▌ 半裙

正装裙忌讳又短又紧的包臀的款式，可以选择 H 型直筒款半裙，裙子长度应略微过膝，以站立时绝不要高于膝盖为宜，以防落座后裙子过短而有失庄重。

▍鞋

面试时，鞋子的款式以不露脚趾和不露脚后跟的中跟船鞋为宜，鞋跟 2.5~5 厘米是最佳选择。

注意鞋的颜色必须和服装的颜色相配，如果拿捏不好，黑色皮鞋虽然不出彩，但是是最安全、最万能的选择。颜色最好是纯色哑光的，不要选光泽度过于明显的漆皮。

款式选择简洁大方不要有过多装饰的为宜。

鞋跟不要选细高跟，以免走起来摇曳生姿跟权威职场需要的干练感觉相去甚远。

另外，注意鞋面的干净度，是细节的重要表现。

▍袜

穿裙装面试时一定要穿丝袜，丝袜最好是接近肉色，不要带暗花纹。袜子不能有脱丝现象，为保险起见，多备用一双丝袜以免脱丝能及时更换。

▍包

最好选形状板正的，不要软塌塌的、款式复杂的、装饰物繁多的包。

包的大小最好与我们的身材匹配，身材秀气的尽量不要拎超过 A4 纸大小的包。包身的设计越简洁越好。

▍饰品

三件以内为宜。正装西装颜色深沉，丝巾、耳环、胸花、项链、手表等饰品，从中选择就能恰到好处地提亮沉闷的颜色，有画龙点睛之妙，能为你的面试形象锦上添花。但切记搭配饰品应讲求少而精，应避免佩戴过多、过于夸张的饰物，以免过犹不及，画蛇添足。

传统职场适合穿商务休闲装

大部分传统行业的企业内部很少详细严格规定着装，只要不是奇装异服，穿着得体就可以。而"得体"这个关键词决定了着装介于商务正装和绝对休闲装之间，也就是要在严肃的正装和过于无形的休闲装之间，找到合理平衡，所以，在面试时，追求的既不是商务正装的权威感和距离感，也不是休闲装过于放松的自由感，而是恰到好处的轻松感。

商务休闲装的着装原则是在正装的设计和穿法的基础上融入时尚元素，以便中和正装的"距离感"和过于强烈的"规则感"，穿着相对轻松又不至于散漫，是介于正装与休闲装之间的服装。所以，着装的分寸需要谨慎把握，毕竟商务休闲和休闲装（比如运动休闲、居家休闲、社交休闲）相去甚远，千万不能过"度"。

女士的商务休闲装着装公式：连衣裙＋外套、外套＋上衣＋裤、外套＋上衣＋半裙＋船鞋

▓▓ 连衣裙

传统的工作场合，有袖连衣裙比无袖的显得端庄，有袖连衣裙可以单件穿，无袖连衣裙适合搭配休闲西装外套穿；连衣裙的颜色可暗可亮；面料偏硬挺显得更正式，偏柔软显得更休闲，根据需求在软硬之间适当取舍即可。

▍外套

休闲西装，面料不一定是毛料，棉毛丝麻都可以；款式可以在正装西装的基础上进行衣领、衣袖、衣身、衣摆等款式细节的改动；西装外套的色彩不局限于深色，可以是亮色、浅色。

▍上衣

可以是改良款的衬衫，或者是罩衫、针织衫。可以有花边装饰、褶皱等少量的个性元素，但不能夸张。短袖、长袖均可，而无袖就要搭配外套穿，以显庄重得体。

▍裤装或半裙

裤形可以是收脚裤或不太夸张的阔腿裤。半裙可以是 H 型直筒裙、A 字裙，裤、半裙可以有简洁的装饰。

▍鞋子

商务中跟皮鞋，款式简单雅致，最好选择与衣服色彩相搭的不露脚趾的皮鞋。

创意职场适合商务时尚装

媒体、广告、时尚行业、互联网公司等创意型行业，追求的就是层出不穷的无限创意。所以，在面试时，通过着装，要让面试官感觉到你不俗的审美品位和非凡的时尚张力。但不能因时尚个性过度而着装荒诞怪异，如果面试着装的争议性过大，恐怕面试很难过关。面试时要适当低调，让面试官感受到你的态度和藏在服饰中的高情商。

女士商务时尚装着装原则：在商务休闲装的基础上穿出时尚和个性

▊ 图案让你与众不同

可以在花纹、图案上体现品味，但面积要控制在合理的范围，以免让面试官感觉浮夸或"眼花缭乱"。

▊ 款式增加设计感

服装上衣或连衣裙款式的 5 个部分：领子、袖子、衣身、下摆、版型等，选择其中 1~2 个部分加强设计感。裤装或半裙款式中的 3 个部分：腰头、侧边、下摆等，选择其中 1 个部分呈现设计感。

▊ 剪裁不对称是个性的表达

人的眼睛习惯看对称的结构，面试官也一样，我们选择不对称剪裁除了表达个性，也能让面试官眼前一亮。另外，剪裁上不对称的设计，形成的视觉斜线，可以让身材显得更修长。

另外，在面试中不宜穿吊带衫、迷你裙、紧身裤等，以免给面试官留下太轻浮、太随便、不重视面试或者没有职场穿衣素养等不良印象。

第三节

职场新人：角色赋能，穿出情商

"穿出你的职位是最明智的表达"，对于职场新人，如何告别过去的稚嫩，如何在职场以最佳的形象展现自己，是个难题。而在实际工作当中，很多职场新人常常因为穿衣不当而令自己尴尬不已或令人失望。

职场新人穿衣，忌讳无角色感，要么穿衣太个性、任性，要么、沉稳过度、沉闷呆板，离岗位的角色人设相距甚远。切记：没有人有义务，透过你不当的外表，去发现你优秀的内在。

作为职场新人，通过服装用最直观的方式表达自己的态度、传递自己的能力，用仪表打造职场亮度，建立个人外在的视觉标签，是高情商沟通最直接的体现。

职场新人穿衣规则，"四不策略"穿出你的角色

▌▌ 正统但不刻板

作为职场新人，无论是年龄还是阅历，都很难驾驭和摆脱职业装固有的沉闷刻板的视觉印象。职业装尤其是权威职场的正装，虽然款式无法改变，但可以通过西装外套和衬衣的搭配去除沉闷、穿出活力。比如，西装和衬衣可以通过明暗色彩对比或者艳浊色彩对比，从而增加视觉新鲜感。而面对传统职场，穿商务休闲装时，我们可以选择特别的面料纹理，比如用暗纹、印花或撞色拼接来丰富服饰的内涵。也可以通过增加时尚元素或通过内外搭配，让职场着装有一定的时尚度和创新感。比如，西装配衬衣是很单一的固化印象，我们可以把衬衣换成T恤或者针织衫，增加腰带、丝巾、胸针等，弱化正式感，强化时尚感。

▌▌ 简约但不简单

职场新人，选择穿轮廓线简约的服饰，配以简洁大方的装饰会让你显得成熟和稳重一些。过多的蕾丝花边还有夸张的饰物等，容易给人留下不成熟、不稳重的职场印象。服装款式要尽可能简洁的同时用心打造一处细节亮点使之起到画龙点睛的作用，比如领口有飘带或褶皱装饰的衬衫。如果服装款式本身没有亮点也可以外加配饰：胸针、丝巾、项链等。至于服饰颜色方面，全身颜色不要超过三种，包括鞋子与包包在内。总之，让服饰搭配呈现简约不简单的效果。

▍▍ 瞩目但不炫目

高饱和度艳色的衣服，可以很好地破除职业装的刻板印象，但作为职场新人穿大面积的艳色难免显得过分张扬。另外，对于作为黄种人的我们，大部分人的肤色都偏黄偏暗，肤色发色对比度不强，五官也相对平缓不如欧美国家的人立体，所以很难驾驭好身上大面积的艳色。如果特别想用艳色打破职业装的沉闷感，可以把艳色的比例降低到 10% 或 20%，让艳色在大面积的暗色或浅色中起到妙笔生花的作用。如果脸部肤色条件不好或肤色发色对比度弱，艳色适合安排在下装，原则是要远离脸部，以免颜色过度炫目只看到鲜艳的色块，而忽略了以人为本的职场穿衣主题。用小面积的艳色点缀、提亮服饰，点石成金，避免用大面积艳色造成视觉威胁，穿出高级感，瞩目但不要炫目。

▍▍ 统一但不单一

职业套装的款式变换不大，很容易让我们的穿着一成不变、缺乏新意，同事之间也会引发审美疲劳。其实，一周五天工作日，我们可以很好地搭配这五天的衣服，让自己的着装印象统一但不单一，让自己的形象常变常新，别人看得赏心悦目，自己也穿得自信满满。

一周穿衣策略，足够撑起你的职场新角色

▍▍ 星期一：偏正式的职业装

一般情况下，星期一会有晨会、例会等各种会议，因此要选择一

些庄重大方的职场装，以呈现你的专业精神和敬业态度。

告别了紧张而忙碌的星期一，脱下严肃的职业装，换上干练与优雅并重的衬衫裙。让你看起来神清气爽、精力十足，充满青春活力。

▌▎ 星期三：衬衫 + 裤装

衬衫和裤装是职场极简主义的黄金搭档，简单舒适的着装，让你的职场步伐带着笃定和自信。

▌▎ 星期四：图案衬衫或针织上衣 + 半身裙

无论是雪纺衬衫还是合体的针织衫，因其柔软的质地能够很好地展现女人的知性美，逐渐成为职场女性的最爱。不仅在办公室穿不失优雅，而且也适合商务洽谈、外出拜访等。

▌▌ 星期五：连衣裙

作为一周工作的结束日，着装既要符合职场规则，也要方便下班以后的休闲活动，比如逛街、聚餐、看电影等，所以，周五选择功能强大的连衣裙最合适。职场连衣裙的最佳选择应以款式简约、面料有质感、长度到膝盖为主。

第四节

职场精英：穿出亮度，呈现品位

常言道：职场如战场，职场的战利品大多是升职加薪。升职其实就是升值，你的能力得到认可、得到信任，就有机会、有可能创造更多的价值；而加薪也就是用你的能力兑换更多的价值，简言之，职场打拼要的就是提升自身价值。

职场精英一定是能力出众的，但如果不能通过着装表现出来，很可能会阻碍和延迟你的职场成功。哈佛学院《事业发展研究》表明：事业长期发展的优势中，视觉效应优势是你能力优势的 9 倍。

无疑，人在职场，光是能力出众还不够，还要在工作的 8 小时甚至更多的时间之内以最佳的着装、意气风发地表达你的主张与立场，展现你的优秀与品位，为事业的成功起推波助澜的作用，提升职场能见度，让着装亮度成为你的光环，助你迈向成功。正像美国形象大师罗伯特·庞德所说"大多数不成功的人之所以失败是因为他们首先看起来不像成功者。"因为没有人能通过你相形见绌的外在，看见你出类拔萃的内在。以下通过服装的款式、色彩、面料、图案四大维度的八大品质穿衣公式，让你秀丽的外在配得起内在的丰盈，让你一亮相就是精英的风范。

品位穿衣：款式篇

▓ 款式穿衣公式一：V领上衣＋及膝半裙

V领上衣

V领不仅是指无领型V领，还泛指翻领解开两颗扣子后形成的V领，因为两者都能在视觉上拉长脖颈长度，很好地修饰脸部和颈部的线条，打造出完美的上半身比例。对于偏胖、微胖女士，V领上衣可以轻松化解上半身的丰满厚重感，而对于偏瘦的女士，露出骨感的锁骨则更是充满高级感。

及膝半裙

半裙的下摆定位在及膝的长度，可让腿部显瘦，因为膝部是大腿最细的部位。半裙的款式，可以根据下半身的身材而定，如果大腿和臀部偏胖，选择A字裙能够很好地修饰下半身，如果腰细臀翘，选择包裙更合适。

在V领上衣＋及膝半裙的公式中，如果你是肩窄臀宽、上身瘦下身胖的A型体型的话，尽量要把精致的配饰、明亮的色彩都转移到上半身的服装上，而及膝半裙则应选择简洁无装饰的款式、颜色偏深偏暗等，用以弱化下半身，让上半身和下半身的形体得到充分的扬长避短，让身材显得修长，让着装呈现品质感。如果你是臀窄肩宽、上身胖下身瘦的T型体型的话，则恰好相反，适合把色彩和款式焦点转移到修长的下半身，弱化上半身的服饰。如果是三围比较均匀的H型或肩宽臀宽相差不大且有明显细腰的 S 型的话，那么，无论是把设计重点放在上半身还是下半身都合适。

▌ 款式穿衣公式二：穿出黄金比例 ≥ 0.618

黄金比例，是公认的最能引起美感的比例，是公元前 6 世纪古希腊数学家毕达哥拉斯所发现的，又称为黄金分割。人体身材的黄金比例是指以肚脐为中点，把身体一分为二，分成上半身和下半身，用下半身的长度除以身高，如果两者相除得出的商等于或者超过 0.618，就是非常完美的黄金比例身材。据统计，至少 90% 左右的人都达不到黄金比例，原因是我们没有大长腿。

然而，天生没有黄金比例没关系，我们可以穿出黄金比例。因为腰线是"上半身"和"下半身"的分界线，也就是人的腰部围度最小的环线，它除了决定上下半身的比例，还决定身材 S 曲线的效果。所以，腰线始终是穿搭中的核心，通过穿衣搭配来调整改变腰线的实际位置，重新定位腰线，可以轻松打造黄金比例。

比如，通过选择高腰线的连衣裙、高腰裤、高腰半裙；或者运用上下身服装撞色存在的视觉阻隔作用提高腰线；或者选择系腰带、丝巾等配饰辅助提高腰线。这些方法都可以收缩上身比例，让腿部线条视觉上显高。

品位穿衣：色彩篇

▌ 服色穿衣公式一：一色和谐 + 亮点对比

服装的上装和下装统一颜色，服装唯一的亮点放在胸部以上，而亮点可以是不同颜色的领子，不同颜色的装饰如胸花、丝巾、项链等，位置最适合安放在胸部以上。

大面积的色块与小面积的亮点形成色彩面积上的悬殊对比，让色彩在统一中有细节变化。亮点在胸部以上，根据人体工程学，亮点在黄金视线夹角之内，会成为视觉焦点，可以点石成金，不仅可以从视觉上拉长身体的纵向线条，达到显高显瘦的效果，更能让着装在和谐中形成对比、产生变化，是形式美法则的重要体现，也是品味穿衣的经典策略。

▌ 服色穿衣公式二：同色和谐或撞色吸睛

同色和谐

同色穿衣最是和谐，彰显品质。同色就是同一色系的意思，比如蓝色：深蓝搭配浅蓝，就是同色搭配，也就是穿一个颜色的深浅变化，这种色彩搭配方法最为稳妥，怎么穿都和谐，最不容易出错。唯一要注意的是，要尽量拉大色彩的深浅，穿出层次感，因为同色搭配深浅相差越远，质感的呈现就越明显。

撞色吸睛

撞色穿衣，彰显时尚突出品位。所谓撞色就是两种不同的颜色，例如红色和黑色、绿色和灰色、白色和蓝色等，色彩之间的相互碰撞，呈现色与色之间的视觉冲击力，让人眼前一亮。当然，艳丽的颜色之间撞色，视觉冲击力最强，如果置身某种场合，你希望一枝独秀，成为主角、成为焦点，不妨大胆用上艳色的撞色搭配，让时尚气息扑面而来。比如：红色＋蓝色、红色＋黄色；如果你不想成为全场焦点只想成为亮点，可以选择一个艳色加上黑、白、灰这三个中性色其中一个，对比度就会减弱，时尚感和品质感也会相得益彰。比如红色＋黑色、蓝色＋白色。如果你是全场的重要角色但是想相对低调地出现，或者你不喜欢或不擅长驾驭彩色，最经典的撞色是黑白搭配。

品位穿衣：面料篇

▌面料穿衣公式一：优选面料＋简洁经典＝高级感

穿衣不仅要优选面料，还要款式简洁、色彩简单、装饰简化，目的是突出面料的质感，以达到品质穿衣的效果。因为品位不一定要用颜色华丽、款式张扬来体现，面料优质、光泽柔和、质感细腻，也是提升服饰高级感的关键。

而追求品质，夏天面料首选真丝，冬天离不开羊绒。真丝优雅、柔和、精致，自带高雅、温柔、知性的灵魂。

羊绒，质地柔软，光泽柔和，质感细腻、柔软滑润。用作针织衫轻薄保暖；用作连衣裙和套装，不需要过多的装饰就能自带高级感；用作大衣，不仅御寒保暖性好，而且经典大气，还实用耐看，既适合正式场合、也适合休闲社交。

▌面料穿衣公式二：面料软硬兼施＋身形扬长避短

把身体分成两大部分，对于胖的部分用偏硬挺的面料进行塑形或遮盖，对于偏瘦的部分，用柔软的面料展现秀美。如此这般通过面料软硬兼施，让身材显瘦的同时，通过面料的质感对比，让你的衣着更有品位。A型身材也就是上身偏瘦、下身偏胖的体型，一般适合上半身穿软的面料，下半身穿偏硬挺的面料。而上身偏厚重、下身偏修长的T型身材，恰好相反，适合上半身穿偏硬挺的面料，下身穿偏软的面料。对于肩宽和臀宽比例比较接近的 H 型、S 型身材则无关紧要，两者都合适。

品位穿衣：图案篇

▓ 图案穿衣公式一：图案内搭＋纯色外套＝色块层次分割

图案穿在里，纯色穿在外，通过里外搭配的叠穿，在外套敞开穿的情况下，利用"外素内花"的搭配方法，人为制造视觉上的色块分割，透过图案与纯色的反差对比，形成 3 个又长又窄的长方形，既丰富了视觉层次，又让身材显高显瘦，同时图案的复杂与纯色的洁净，两者之间参数的视觉对比会让服装的品位得到进一步的提升。

▓ 图案穿衣公式二：上花下素或上素下花

职场精英，上下装花素结合，既增添时尚感，又不失职场风范。A型身材也就是上身偏瘦、下身偏胖的体型，一般适合上花下素，就是上衣穿图案，下装穿纯色。而上身偏厚重、下身偏修长的 T 型身材，则恰好相反，适合上素下花。H 型、S 型身材无论是上素下花还是上花下素都合适。

上下装花素搭配，其中纯色最好选取花纹图案中已有的颜色，会更显图案面料的品质感。如果没有跟花纹图案相一致的，可以选择百搭的中性色：黑、白、灰。如果花纹图案偏深，选择黑色、深灰色更合适。如果花纹图案偏亮，选择白色更好，因为色调相同更有协调感、品质感。

第五节

职场领袖：自成格调，品牌效应

　　职场领袖，穿衣穿出规则感是次要的，穿出腔调才最重要。因为职场潜规则中：层级越高，穿衣自由度越高。职场领袖作为职场金字塔顶端的人物，穿衣自成格调，是最直接的广告，也是企业无形的资产。

　　因为格调是一个人身上最具特征的视觉标签，是一种吸引力，是调性相似的元素集合在一起形成的氛围。

　　格调不只让人们看到，更是人们记住。因为"格调耀人眼，平凡被埋没。"作为职场领袖，要像经营品牌一样经营自己的格调，因为你就是最好的名片，你就是企业最好的宣传与代言。

格调的分类：本我格调和演绎格调

格调分两种，一种是本我格调，另一种是演绎格调。

▍ 本我格调

是发自内心并呈现于外在的自我腔调。是指我们从内在到外表，从内心的喜好（服饰的颜色、款式、配饰等）到外在的表达（容貌、表情、体态等）都形成和谐统一的吸引力。

▍ 演绎格调

是当我们为了面对不同的场合场景，不同的角色和身份的需要，不得不通过精细的妆容修饰"客串"其他格调，去充实丰盈我们的生活、工作、社交。

本我格调只要用你的天生气质去驾驭；而演绎格调，需要你的百变妆容和目标气场去征服。本我格调是滋养我们与众不同的根基，而演绎风格是我们玲珑百样的能耐，二者如果兼得，你将美丽无限、魅力无穷。

领袖穿衣，六大格调

▍ 优雅知性格调

优雅格调并不出众，但却让人难以忘怀。

格调特征：通过服饰可以传递一种优美雅致的和谐，同时呈现出穿着者的知性和涵养。

　　款式选择：线条流畅的及膝连衣裙或套装、质地柔软的半裙、真丝衬衣、合体的针织衫、悬垂感较好的长裤等。

　　色彩选择：不会过于艳丽张扬也不会过于深暗沉闷、不太亮也不太暗的中等明度的色彩，红、橙、黄、绿、蓝、紫，各自加上浅灰色或中灰色常常是优雅风格的代言。

　　面料选择：选择细致精致、柔和轻盈的弱光泽或哑光面料，如柔软的天然织物、丝绸、锦缎、羊绒等。

　　▌▌ **霸气总裁格调**

　　霸气格调，无须开口便是视线焦点，并直接说明了身份。

　　格调特征：张扬硬朗、英姿飒爽、气场强大、干练大气，在人群中带着一种强烈的气势而引人注目，存在感强烈。

款式选择：廓形大气的外套、大垫肩西装、宽松阔腿裤、厚重的大披肩等。

色彩选择：无论是低调的黑白灰，还是个性张扬的艳色，霸气干练的气场都能轻松驾驭。

面料选择：质感、厚重感偏强的面料，如手感厚重的丝绸、毛呢、皮毛混合面料等。

▌▌ **简洁干练格调**

简洁格调取决于其结构的纯洁和精炼。

格调特征：去繁存简、洒脱大方，体现职场领袖的干练与帅性。

款式选择：以基本款为主，强调服装廓形，线条简洁明朗就是其最大的亮点，极少其他装饰；款式以裤装、西装外套、衬衣、连体裤装、马甲等为主。

色彩选择：服装的颜色以中性色黑白灰为主，彩色搭配多以单色为主，一般不超过两个色来表达简约。

面料选择：挺阔偏硬挺的面料，如皮革、棉麻、真丝、混纺类光泽度偏低的面料。

前卫时尚格调

时尚是态度，标新立异才是新高度。

格调特征：率直、出位、与众不同。

款式选择：不对称的款式设计、混搭加入各种设计装饰元素：流苏、褶皱、镂空、拉链等装饰物反复出现，动物纹和不规则的文字图案等形成强烈的时尚设计感。

面料选择：面料的选择自由度大，几乎不挑面料。各类皮革、闪光面料、涂层面料等高科技新型面料均可。

色彩选择：颜色的选择范围广，从黑白灰到夸张的、鲜艳的、视觉冲击力强的色彩都可以。

▋▎ 端庄高贵格调

不饰奢华，凸显品质，暗藏高贵。

格调特征：正统、端庄、高贵，在正统和端庄中透露着理性与距离感，在高贵中隐藏着处变不惊的高傲，三者恰到好处地融合，呈现典雅出众的气度。

款式选择：经典的、复古的款式，如剪裁合体的套装、职业装、连衣裙等。

色彩选择：颜色以中性色为主，以浊色为主。

面料选择：面料上乘、质感细腻的面料，如高级的丝绸锦缎、精致的羊绒、毛料细呢等。

▌ 甜美淑女格调

因甜美而让人心生美好。

格调特征：甜美、娇俏、浪漫，聪明聪慧的淑女气息。

款式选择：装饰元素比如蝴蝶结、蕾丝花边、荷叶边、小花朵或波点图案等可以很好地突出淑女的甜美与娇美。常见款式有连衣裙、百褶裙、衬衣、罩衫、小披肩、小开衫。

面料选择：选择偏轻盈质感的棉、雪纺、真丝、蕾丝等面料。

色彩选择：柔和、浅淡、温馨的色彩基调。

第六节

场景穿衣：恰当表达，自在从容

缪西娅·普拉达说："一个人的着装打扮，就是如何把自己呈现给世界的一种方式。尤其是在信息交换如此之快的时代，服装是一种快速表达的语言。"所以，我们穿的不只是衣服，更是影响力。

以下介绍九大服装风格，希望你能灵活运用于商务场景、社交场景、休闲场景，成就你面面俱到的美。

商务场景：穿出得体的亮度，呈现你精益求精的职场态度

▍ OL 风格

OL 是英文 office lady 的缩写，通常指适合办公室时尚白领穿着的套裙。在保留职业女装的端庄稳重的基础上，简化了款式，舍弃了沉重的色彩，扩大了面料的选择范围，弱化职业正装的严谨刻板的印象，进而拥有更广泛的选择空间，深受办公室女士的喜爱。

▍ 通勤风格

适合于职场正式场合以外的日常办公室场合，尤其适合白领的外

勤，所以更注重休闲和职业间的平衡，是时尚白领的半休闲主义服装。通勤风格的款式介于职业装和休闲装之间，重点在于打造干练、方便、简洁、清爽的形象（下图左）。

▌▌ 极简风格

极简风格（下图右）的服装几乎去除任何不必要的装饰，而服装的轮廓也就是版型是设计的第一要素，以简洁大方的 H 形版型为主，特点是肩线、腰线、下摆线宽窄几乎相等，直上直下，呈现大气干练的感觉。服装颜色简单，以单色或双色居多，面料的肌理、图案也尽量做减法以精致为主，去除一切不必要的"复杂"的装饰。

社交场景，成为焦点是最有效的社交

▊ 民族风格

在传承、借鉴传统民族服饰的基础上，进行款式、面料、色彩等方面的创新，结合现代工作、生活、商务社交等场合的需求，设计制作出具有民族元素、特色的时尚服装，如改良式旗袍款连衣裙或礼服。

▊ 巴洛克风格

巴洛克风格是充满复古情怀的浪漫主义奢华风格。欧洲把 16 世纪末到 17 世纪的文化历史称为"巴洛克"时代。巴洛克风格的服装最大的特点是把奢华淋漓尽致地体现在服饰上，刺绣繁复、珠宝镶嵌、锦缎缠绕、褶皱层叠、蕾丝镂空、印花华丽等，处处流露着厚重工艺的霸气与浓郁迷人的华贵。巴洛克风格的礼服特别适合隆重正式的社交晚会场景。

▌ 洛可可风格

　　洛可可风格是既华丽又柔美的女性化风格，"洛可可"指的是 18 世纪盛行的欧洲的享乐主义时代。最大的特点是以奢华和妩媚为主要特征，但洛可可风格相对于巴洛克的奢华来说，只能算是华美。因为洛可可文化可以说是巴洛克文化的后期和延续，如果说巴洛克是宫廷帝王的奢华文化，洛克克则是贵族的享乐主义文化。洛可可风格主要以华贵绸缎和薄纱为面料，以 C 形、S 形和涡旋形状的曲线纹饰为图案，以人造花饰物、缎带花结、荷叶边、蝴蝶结等为装饰元素，以白色、淡黄色、淡粉色等柔嫩的颜色为基调，呈现出精致细腻、高贵典雅、华丽柔美的浪漫风格。洛可可风格的礼服也同样特别适合隆重正式的社交场景，但相对巴洛克风格略显低调柔美。

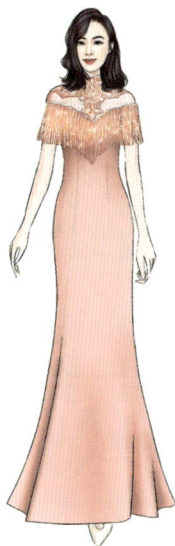

休闲场景，轻松自然是最恰当的表达

▋ 田园风格

田园风格崇尚自然，返璞归真，反对繁琐的装饰和虚饰的奢华。以天然的面料，简单舒松的款式，清新柔和的颜色，呈现宁静悠然之美。最大的特点就是重复出现的花草树木的图案、镂空、纹理等，以渲染浪漫的田园气息（下图左）。适合轻松的社交场景：郊游、散步、休闲聚会等。

▍韩版风格

韩版风格（下图右）有两个截然不同方向，一是简洁时尚、有范儿的偏中性主义，舍弃了丰富的色彩堆砌，崇尚通过明暗对比产生视觉冲击力，款式采用简洁的不对称设计，如不规则的领口、前襟、腰身或衣裙下摆采用独特设计给服装注入标新立异的新鲜感，从而彰显品位。二是婉约唯美的浪漫主义，表现在重视细节的精细设计上，如

荷叶袖、泡泡袖、边角的折花、层层叠叠的裙摆等，还表现在款型特征为宽肩、细腰和丰臀等三围的明显对比，更表现在采用明亮的、清新的、粉嫩的颜色搭配，把浪漫唯美表现得淋漓尽致。

▌ 学院风格

学院风格起源于20世纪初，当时富有的常春藤盟校大学生并不喜欢学校提供的专业服装，于是选择颇具时尚感与贵族气息的舒适休闲装来代替校服。时至今日，学院风不只是贵族学生的专属，它已经在时尚界拥有一席之地，是精致休闲、青春活力的时尚风格代言。学院风最大的优点就是减龄，让你充满青春活力。

第七节

妆容有礼：自信亮丽，颜值倍增

伟大的哲学家黑格尔在《美学》中说："精神的表现尽管贯穿整个身体，却大部分集中在面部。"时至21世纪，随着社会的发展，颜值越来越备受重视。现在流行这样的说法："如果不能让别人的目光在你的脸上停留5秒钟，那么你很可能没有机会让别人产生了解你内在优秀的兴趣。"于是，化妆就越来越普及，因为得体的妆容，是吸引注意力的聚光镜，颜值能帮你赢得成为焦点的机会。所谓"人靠衣装，美靠化妆""三分靠长相，七分靠打扮"。然而，化妆不仅让人容颜美丽，还可以让生命状态更有自信、更有魅力。

化妆的四大好处

▦ 提升颜值

化妆就像画画，每一张脸都是一块充满生命力的画布，化妆可以让你的颜值美丽，形色兼备。

形

指的是脸型修饰和五官的立体刻画两大部分。针对不同的脸型，对脸型轮廓进行修饰，使之接近东方人的标准美人脸型：椭圆形。另外，扬长避短地刻画修正五官，让优点更突出，并修饰不足之处：比方说眼睛太小、眉毛短缺、鼻子平榻等均可通过化妆手段来弥补或矫正，让面容立体有形、和谐精致。

色

通过底妆的修饰，从而肤白透亮、肤质细腻，并通过眼影色、眼线色、眉色、口红、腮红等色彩的得体搭配，让人看起来面色红润有光泽，神采飞扬。

▦ 表达尊重

无论是在职场上还是社交的人际交往中，化妆示人是一种礼仪，呈现的是你对他人和对场合的尊重。古语说：见人不可不饰，不饰无貌，无貌不敬，不敬无礼，无礼不立。意思是会见客人一定要打扮得体，不打扮就没有好的仪表容貌，没有好的仪表容貌就是对客人的不尊敬，不尊敬客人就是不讲礼仪，不讲礼仪的人就难以在世上立足。在日本、韩国，女士不化妆就不出门几乎成为一种社会共识。其实，化妆就是表达对你所遇见之人的一种敬意，把自己美好的一面展示给别人，就是最好的尊重。

▍增加自信

自信可以是由外而内的。比如岁月催人老，时间对生命的摧残是深刻的，是无时不在的。通过化妆让脸上的皱纹"隐身"或"收敛"，让脸部的青春气息可以蔓延甚至升华，让你不知不觉地自信起来。比如，虽然化妆无法治愈脸部缺陷、瑕疵、雀斑，但是化妆可以隐藏掉脸上的这些尴尬，让一度因为这些尴尬而自卑的人重新抬起头，自信地面对自己和身边的人。

▍驾驭服饰

化妆可以提亮和均匀肤色，让皮肤白皙有光泽，从而大大提升穿衣搭配的驾驭能力，让我们对服饰的颜色、款式、面料的选择范围可以更加宽泛。让妆容与服饰搭配相辅相成，呈现更多变、更高级的和谐美。

美妆让格调装点一新

优雅知性格调：柔美雅致、文静飘逸。

妆容特点：淡雅、精致。

底妆：轻薄细腻。

眉毛：眉毛不宜太粗，眉峰处略有弧度，眉尾稍圆润。

眼线：眼线不宜过粗过宽，眼线尾部有小弧度略微上翘更显神采，但避免眼尾过于上挑。

眼影：用色轻浅，稍微强调轮廓感即可。

口红：质感偏滋润有光泽，颜色以淡雅为主，豆沙色最宜。

霸气总裁格调：气场强大、大气外扬。

妆容特点：立体、偏浓重。

底妆：相对厚重。

眉毛：适合加宽、加长、加重，眉形适合上扬高挑，略有棱角。眉形前面要自然，后面可以勾勒出眉峰。

眼线：适当加重、微上扬，睫毛适合浓密卷翘。

眼影：强调轮廓感，表达深邃感。眼影色彩不宜过多，大地色是最经典的选择。

口红：突出唇形，必要时甚至可以用唇线笔勾勒唇形，口红适合用重色，如：正红、深红、红棕色等饱和度高的颜色。

简洁干练格调：洒脱清爽、偏中性帅气。

妆容特点：清新自然。

底妆：肤色自然均匀，无须过分美白和修饰遮瑕。

眉毛：偏平直，边缘清晰利落。

眼线：适合画内眼线，不适合过于犀利和清晰的眼线，但强调睫毛根部的刻画，以显神采。

眼影：颜色清淡，强调立体感即可。

口红：弱化唇形，唇色不宜过于鲜艳，适合珊瑚色，可略带光泽。

前卫时尚格调：与众不同、标新立异、个性、时尚。

妆容特点：个性时尚，自由度高。

底妆：以轻薄为主，呈现自然肤色和质感，面部瑕疵无须刻意修饰，可以视为个性的体现。

眉毛：眉形可宽、可窄、可上扬，自由度大。

眼线：眼线用色可浓重，形状可粗、可细、可夸张，强调个性。

眼影：色彩选择范围广，可用对比色进行撞色，体现个性。

口红：用色相对大胆，不宜太过沉闷，否则没新鲜感。

端庄高贵格调：个性严谨、气质高贵。

妆容特点：精致淡雅、恰到好处。

底妆：干净细腻，精益求精。

眉毛：以自然眉形为主，眉色淡雅为宜，避免眉毛过粗、眉峰过挑。

眼线：眼线描画流畅自然，适合画内眼线，避免过粗过挑，要恰到好处。

眼影：用色严谨，适合经典的大地色，避免过于鲜艳的颜色，以免破坏高贵的气质。

口红：避免过于鲜艳的颜色，口红颜色选用纯度中等的正红色、豆沙红、红棕色等比较适合。

甜美淑女格调：甜美粉嫩、清新怡人。

妆容特点：精致淡妆，避免浓妆艳抹显老气。

底妆：强调细腻透亮，不宜厚重。

眉毛：眉形自然，线条柔和，不适合太直、太硬朗。

眼线：眼线形状不宜太刻意，按照眼型刻画得自然柔和，避免过粗过宽、过于上翘。

眼影：以清淡的色系为主，突出眼睛的清澈透亮。

口红：颜色明亮、粉嫩，强调光泽感。

妆容异曲同工，不同场合光彩照人

▌ 正式商务场合：职业妆

职业妆：顾名思义是职业女性适用于职业场合以及工作相关的公共场合的妆容。

特点：淡雅的妆容，既端庄、干练又不失亲和。

妆面要求：洁净、色泽淡雅，忌过于浓艳。

粉底：透而洁净，保湿性强并且有一定的隔离效果，选择颜色偏自然的粉底液，因为职业女性在工作场所接受到的照明一般是白炽灯之类的冷光源。

腮红：颜色柔和，办公妆的颜色应以暖调为主，显肤色、健康、有神采。

眉形：根据脸型需要可选择略带棱角的眉形，增加面部立体感，突出自信干练的一面。

眼影：单色晕染，以颜色偏浅的大地色为主。

眼线：画睫毛根部，虚实结合，不可过粗或过长。

睫毛：适合自然的睫毛膏并尽量根根分明，不宜贴假睫毛。

口红：轮廓和唇色自然，嘴角微微上扬。

▍隆重社交场合：晚宴妆

晚宴妆：指用于隆重的晚会、宴会、年会等社交场合，适合展现华丽的偏浓重的妆容。

特点：艳丽夺目，充分显示女性优雅高贵的个性魅力。

妆面要求：色彩对比强烈，搭配丰富，妆面醒目，突出五官的立体结构和清晰程度，考虑到社交环境中灯光的特点，妆面偏浓更合适。

粉底：一般选择质地细腻且遮盖力强的膏状粉底，以改善皮肤颜色和质感，修饰面部轮廓，强调立体感，使脸型轮廓立体生动。

腮红：色彩偏艳丽如玫红、粉红、珊瑚红，晕染要均匀，与肤色衔接自然。

眉形：眉毛形状弧形，且有流畅的弧度，眉色略浓。

眼影：可选用带珠光效果的眼影，以强调眼部的深邃与明亮。

眼线：眼线可适当加粗且略微夸张上挑。

睫毛：可以粘贴假睫毛，增加妆面的华贵感。

口红：可勾勒轮廓清晰的唇形，唇膏可以选择与整体妆色协调的偏绮丽的色彩，如正红或樱桃红等，呈现丰润而立体的效果。

▍日常休闲场合：休闲妆

休闲妆：指在工作之外，于公共场合轻松交友、聚餐等适用的妆容。

特点：以清淡为主，对面部进行轻微的修饰，以呈现自然清爽的妆容。

妆面要求：干净、精致、清新自然。

粉底：粉底的颜色以自然、透明为主，粉底的涂抹要薄而均匀，涂抹时注意脸部与脖颈色相的衔接。

腮红：颜色要淡雅柔和，脸形好以及肤色好的人可以不刷腮红。

眉形：眉色浓的可以自然的眉色为主，可用眉粉稍微刷顺眉毛即可。眉色过于清淡或眉毛条件不够好，刷上眉粉的同时要把缺少的眉毛，用眉笔按眉毛生长的方向画上，注意虚实结合。

眼影：用单色眼影晕染，晕染的面积不易大。

眼线：根据眼形画在睫毛根部，线条要自然流畅，睫毛浓密的人也可不画眼线，只刷睫毛膏即可。

睫毛：使睫毛向上弯曲，增强眼睛的立体感。刷睫毛膏时注意不能有结块，要干净，尽量根根分明。

口红：颜色不宜鲜艳，尽量接近唇色，描画时尽量保持唇的自然轮廓。

第五章

沟通礼仪

第一节

语意沟通：表达有礼，有效沟通

言语沟通，看似简单，其实学问很深。要把自己的想法、意见、主张植入别人的脑海，改变和取代别人一贯以来的观念和认知，更是难上加难。另外，俗话也说"人上一百，形形色色"。人各有其情，各有其性。人与人的性格脾气、经历见识、观点角度不尽相同，所以沟通交流时因人而异，才有可能产生"同声相应，同气相求"的效果。沟通时充分考量对方的特点，避免无效沟通的尴尬。比如，说者觉得自己在"对牛弹琴"，听者觉得对方在"天方夜谭"，沟通交流不在同一点上。

乔哈里视窗，让你的沟通更有方向、更有效

乔哈里视窗由乔瑟夫（Joseph）和哈里（Harry）两位美国心理学家提出，他们将人际沟通划分为两个维度："自己知道、自己不知道"和"他人（别人）知道、他人（别人）不知道"；四个象限：开放区、盲目区、隐藏区和未知区。

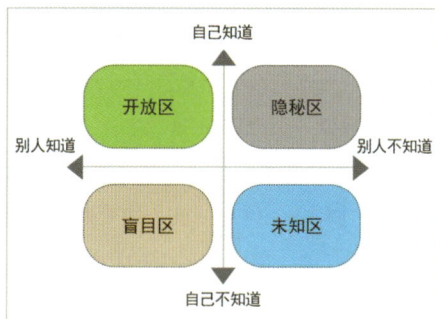

乔哈里视窗

面对不同的职场场景和社交场合，面对人与人之间亲、疏、远、近的关系，我们可以灵活运用乔哈里视窗的两个维度、四个象限，让沟通更有方向、更有效。

▌ 开放区

开放区是自己知道、别人也了解的信息，是职场、社交沟通最好的谈资。所以，可以畅所欲言，敞开沟通。面对熟悉程度不深的人，可以把沟通的讯息范围锁定在这一区域，并有意把自己的开放区域变

大，让人感觉到你的随和、平易近人、容易沟通，这样做，在人际关系上更容易获得支持和信任。

▌ 盲目区

自身的优劣自己往往看不清，但在别人的眼中却一目了然，这就是个人的盲点区，所谓旁观者清，当局者迷。当然，盲点不一定全部是缺点，往往是自己忽略或意识不到的习惯或优点。与熟悉之人沟通交流时，可以主动谈论自己的盲目区，虚心地向人请教自己的不足，坦然接受别人的看法，当别人感受到你的真诚和谦虚时，会更容易建立彼此之间的情感与信任。

▌ 隐秘区

对于自己知道、别人不知道的部分，属于隐秘区。该区的内容是我们的个人隐私，职场沟通或普通社交不可过多地谈及隐私，因为交浅不言深，以便造成沟通双方的负担。但我们要心中有数，不能让隐藏区在四个区域中的占比过大，而不利于人际沟通与交往。在职场上与社交中，隐秘区的占比面积过大，意味着特别多的讯息都不可对人言，容易让人感觉到你封闭自己或故作神秘，不利于人际沟通交往。所以，除少部分个人隐私以外，我们要尽可能向内一层又一层拨开自己，随着与人沟通交往的深入程度，有所选择地呈现自己。

▌ 未知区

是自己不知道、别人也不知道的区域。每一个人要尽可能缩小自己的未知区，除了分析自己、主动探索自己以外，还可以透过别人的视角认识自己，甚至可以以他人为镜反观自己。所谓"知人者智，自知者明"，敢于向内探索，给予自己不断成长的机会，让自己看到不一样的自己。

简言之，运用乔哈里视窗进行人际交流时，扩大公开区，缩小盲目区和隐秘区，探索未知区，达到流畅沟通、有效沟通的目的。下面，我们进一步分析，如何运用乔哈里视窗的四区，巧妙转移重点、化解尴尬、解除疑虑、解决矛盾、引起共鸣。

运用乔哈里视窗轻松化解矛盾和尴尬

方法如下：

①把问题的答案引向"公开区"，巧妙幽默地化解不怀好意的刁难。

②高情商地说破对方的"盲目区"，让对方心悦诚服地接受。

楚庄王有段时期荒废朝政，无心政事，并下命令：谁劝谏，谁被处死罪。当时楚国上下绞尽脑汁、想办法进言劝谏楚庄王励精图治，但是碍于禁令只能放弃。忠臣右司马，巧妙机智地借用当时宫中流行猜谜语的方式，给楚庄王出了一个谜语，说自己在南方看过一种鸟，三年都不飞翔，也不叫唤，让楚庄王猜猜这只鸟叫什么名字。

楚庄王恍然大悟，知道右司马暗示的是自己，于是就说："鸟不展翅是在生长羽翼，不飞翔、不鸣叫是在观察民众的态度。此鸟不飞则已，一飞冲天；此鸟不鸣则已，一鸣惊人。"后来楚庄王开始废除旧法，诛杀贪臣，启用贤才，励精图治，最后楚国在他的领导下成为中原霸主，而楚庄王则成为春秋五霸之一。

用暗喻的方法提醒对方其盲目区的某部分劣势，让对方心悦诚服地接受，同时，让对方清醒，清晰未来的方向。

③巧用"隐秘区"化解别人的尴尬，最得人心的沟通是让人舒服。

有一次，在何炅主持的节目中，一位名人嘉宾竟然喊错他的名字，引起观众议论纷纷。而站在身旁的何炅只是专心致志地听着，并没有进行纠正，等嘉宾发言后，何炅才真诚地解释道："我与××老师相识多年，××老师当然知道我的真名，他刚刚叫的是我们私下的昵称，他十年前就这样叫我了。"言语之间用观众不知道的隐秘区的信息，不失礼貌地解救了嘉宾的尴尬。

④用比喻开发探索别人的"未知区"，让沟通更有效。

批评别人时，如何让对方欣然接受

美国前总统约翰·柯立芝发现秘书处理的公文经常出错，他希望秘书能够正视这个问题。而他通达人性，知道人人都愿听赞美，而难以接受批评。于是，巧妙地对秘书说："今天你穿的衣服和你一样漂亮。"秘书因赞扬而喜笑颜开，而约翰·柯立芝接着说："我相信你处理的公文也能和你一样漂亮。"从那天起，秘书处理的公文就很少再出错。幕僚知道了此事便向他请教。约翰·柯立芝回答道："你看过理发师给人刮胡子吗？刮胡子前要在脸上涂肥皂水，为的是刮起来使人感觉不疼。"

约翰·柯立芝的"刮胡子理论"，就像在苦药的外面先裹上一层糖衣，让吃药变得没有心理负担，也让药到病除成为顺理成章之事。正像"汉堡式批评"法一样，让人心悦诚服地接受批评和建议。

▍"汉堡式批评"法

"汉堡式批评"法，指的是尽量用表扬或鼓励作为开头语和结束语，把最重要的批评和建议放在中间，就像"汉堡包"一样，分成三层。第一层是认同、赏识、肯定对方的优点或积极面；中间这一层夹着建议、批评或不同观点；第三层是鼓励、希望、信任、支持和帮助。"汉堡式批评"法，从心理学的角度来分析，充分满足了每个人都有希望被人肯定、赞美、重视的心理需求，以及不希望被人否定的人性特点，就像汉堡上下各有一块面包片，中间是最重要的肉，拿着舒服、吃着有营养。

▍"汉堡式批评"法的应用

在电视剧《西游记》里，有一集讲述了孙悟空被唐僧错怪误打妖精后，师徒感情破裂，孙悟空脱离团队，独自回到花果山的故事。

而观音菩萨就是用"汉堡式批评"法成功说服孙悟空老老实实回到西天取经的团队当中，并继续兢兢业业地护送唐僧到西天取回真经。观音菩萨是如何运用"汉堡式批评法"的呢？

"汉堡式批评"法第一层：观音菩萨说："悟空，你一路不辞艰辛保护你师傅西天取经。"用一句话，肯定了孙悟空长久以来保护唐僧取经的辛苦和贡献。简言之是对孙悟空过去工作的肯定。

"汉堡式批评"法第二层：观音菩萨又说"这次何故弃师独回花果山，不信不义。"这句话批评孙悟空抛下师傅的不信不义行为，让孙悟空认识到自己的错误。

"汉堡式批评"法第三层：观音菩萨最后说"去吧，我相信你定能发扬光大，保护师傅取得真经。"在肯定孙悟空能力的基础上表达信任与厚望，并期许其一如既往地护送唐僧西天取经。

总结"汉堡式批评"法的标准公式：肯定 + 批评 + 厚望。

①**先肯定**：让听者心里感觉到舒服，以便于接受你的建议。

②**提批评**：批评指正，言简意赅，点到为止，过多的延伸反而会影响效果。

③**寄厚望**：相信听者能处理好问题，对听者表达信任，给予厚望。

第二节

倾听有礼：沉默是金，纳善如流

    心理学有个著名的定律叫古德曼定理，主要讲的是：没有沉默就没有沟通。美国加州大学心理学教授古德曼认为，沟通中最有价值的人，不一定是最能说的人，相反，多听少说，听懂他人，才能更好地说明自己，与人共鸣。所以，倾听他人往往比一味劝说，能得到更好的沟通效果，有时候沉默可以胜过千言万语。

有效倾听，进入对方的频道

著名励志大师戴尔·卡耐基说过："专心听别人讲话的态度，是对说话者最大的赞美，也是赢得别人欢迎的最佳途径。"戴尔·卡耐基在一次隆重的晚宴上，认识了一位世界知名的植物学家，在与植物学家沟通交流时，他始终全神贯注地认真倾听。到了晚宴接近尾声之时，植物学家向主人极力称赞戴尔·卡耐基是"最有趣的谈话高手"。其实戴尔·卡耐基只是用专注的倾听代替了滔滔不绝，让对方感觉自己与他同频，从而拉近心理距离，赢得植物学家的好感和赞美。

倾听，是一种尊重，也是一种鼓励，是让对方更愿意表达的一种交流方式。倾听到位，了解到的信息越全面，就越能起到化解矛盾、消除隔阂、增进感情共鸣的作用，对我们的沟通交流、工作开展、人际交往都发挥着重要的作用。

倾听除了沉默是金，也需要恰当地"回应"

▌ 积极的关注

在倾听过程中，用身体略前倾的体态语言，保持与被倾听者目光接触凝视，表达你的积极关注和感同身受。

▍ 简洁的复述

倾听别人的谈话要注意信息反馈，必要时要简洁复述对方的内容，以判断自己是否理解正确。倾听的过程中复述关键点很重要，因为绝大多数的矛盾冲突都是沟通不到位导致的。

1977年3月27日，两架波音747客机相撞。因为无线电联络发生了问题，致使机长只听到管制中心的前半句，而误解了后半句，酿成悲剧的发生。当机长发出"我已准备好，请准予起飞"的请示时，管制中心回答："好的，请稍候，一会儿我再呼你。"而由于无线电联络出了差错，机长只听到了"好的"，对后面的话无从得知，管制中心没有要求机长复述再次确认。致使机长在没有得到起飞许可的情况下，就在跑道上滑行起飞了，最后导致两架波音747客机在同一条跑道上相撞。

沟通的目的是彼此理解、达成共识。复述是表达你听到的内容和理解到的程度的最佳方式，复述可以让双方充分理解彼此的意图，在理解的前提下正确地做出下一步行动，避免发生误解和产生不必要的冲突。

▍ 适度提问

倾听过程中，没有听懂的地方要及时提问，适时适度地提问是倾听的重要部分，有助于深入、有效的沟通。

▍ 适时回应

在倾听的过程中，说者滔滔不绝时，听者不仅要默默地关注，还要适时适当地回应：比如点头回应或附和回应"噢""嗯""是的""然后呢"等，除了表示你正在专心倾听，更是引导对方继续往下表达，必要的时候要加上自己的见解。

第三节

语气沟通：良言冬暖，恶言夏寒

　　良言冬暖指的不仅是说话的内容要贴心、说好话；更是要用暖心的语气，好好说话，才可以达到良言一句三冬暖的效果。因为同样的说话内容，用不同的沟通语气表达出的效果很可能会截然不同。比如，你用跋扈轻蔑的语气与人沟通，无论你说话的内容多感人，都只能让人感觉到恶语伤人六月寒。所以，与人沟通时，你的语气将会决定对方的接受度、满意度。

你说话的语气里藏着你的高情商

沟通是一门很深的学问，不只是语意的表达要用心，说话时的语气更要留心。因为相对于说什么，有时候怎么说更重要。因为说话的语气是你当下情绪最直接的表达，是态度的直观呈现，是听者感受说者尊重与否的重要衡量标准。语气虽然很细微，但是却很关键，语气很大程度左右语意的表达，决定沟通效果。以下介绍四种让人反感的沟通语气和四种让人舒服的沟通语气，让你在说话时避免让人反感，在沟通中尽量让人舒服。

避免四种让人反感的沟通语气

▌▌ 命令的语气

当我们用命令的语气说话时，听者从听到对方命令的那一刻起，心里一定充满抵触和反感。因为没有人喜欢被勒令、被指使、被掌控的感觉。对于发号施令者高高在上、唯我独尊的架势更是发自内心地厌恶，很容易引发冲突。所以，命令他人的说话语气，并不能让你达到预期的目的。

▍▍ 质问的语气

质问的语气传到听者的耳朵中，意味着自己不被说者信任。对于不自信的听者，自尊心可能会大受打击；而对于自尊心强的人，很可能会恼羞成怒；对于脾气火爆的，很可能从而掀起激烈的争辩。尊重他人是有效沟通交流的首要条件，所以，与人交谈应避免使用质问的语气。

有些人喜欢以质问的语气纠正别人的错误，先质问、后解释，但这样的方式难以让人接受，最终还是徒劳无功。别人有过失，要温厚待人，留有余地，开诚布公地向对方询问，给对方解释的机会，态度真诚平和，才能让对方真心地服气和用心地服从。

▍▍ 不耐烦的语气

语气可以暖人心，也会伤人心。双方沟通交流时，如果一方总是用不耐烦的语气，感觉说话时想敷衍了事，想三言两语结束话题等，这些表现，会严重影响到对方的情绪和感受。比如，"够了，够了，我不想知道，你觉得怎么好就怎么办。""好了，好了，别说了，知道了。"这种让人感觉不耐烦到极点的话语，是对人极其不尊重的表现。即使对方怎么兴致高昂，也可能瞬间哑口无言或心生厌恶。

▍▍ 说教的语气

说教的语气是居高临下、好为人师、自大的表现。正如古人云："人之患，好为人师。"用说教的方式与人沟通，多半会沟通无效，因为别人往往不接受。"这回不能再出错了……，你听明白了没有？""按我说的去做就对了……，你现在懂了没有？"说教者的优越感，让听者感受到不被尊重。也许说者是发自内心地为其着想，迫不得已才进行一番说教，但无论初心如何，听者都很难接受，觉得对方是在教训自己，如果听者的性格急躁，还可能会消极抵抗，发生言语冲突。

四种让人舒服的沟通语气

▋ 商量的语气

用商量的、询问的语气与人沟通交流，给对方表达观点的机会，让对方体会到你对他的尊重，这样对方会更容易接受你的观点和看法，会省去很多不必要的摩擦，从而大大降低了沟通的时间成本。

因为每个人都希望自己得到尊重、被平等对待。另外，对于地位比自己低的，如晚辈、下级，如果采取商量的语气，有利于增加他们的积极性。商量语气的句式："……，这样，你看好不好？""……，你觉得这样，怎么样？""这次能不能……"

▋ 鼓励的语气

鼓励的语气，能透露出无限的信任，无形中就给人以自信。很多时候人们也因为得到信任而倍加努力。在人际交往中，鼓励、给别人希望，别人才不会让你失望。美国心理学家詹姆斯有句名言："人性最深刻的原则就是希望别人对自己加以鼓励，这样不仅让自己有进取之心，更重要的是能产生不断超越与突破的动力。"

电话发明者贝尔在一次实验中无意间发现：电流的接通和断开时螺旋线圈会发出噪声。贝尔对这一有趣的现象非常重视，他寻思着是不是可以用电传话，于是，就跟著名的电学家约瑟夫·亨利说了自己的想法。没想到约瑟夫·亨利用鼓励的语气坚定地对他说："干吧，年轻人，你的设想真的很惊人，了不起！"多年后，贝尔回忆说："如果没有约瑟夫·亨利那两句令人特受鼓舞的话，我根本没有勇气去潜心于我的设想，也就发明不了电话！"

▍▍ 温和的语气

培根说："交谈时的含蓄和得体，比口若悬河更可贵。"很多时候，我们明明带着好意，用强烈的语气给他人劝告，结果反而造成伤害，甚至反目成仇。假如我们换成用最柔和的语气来讲最重的话，效果却明显不同。温和的语气是一种力量，因为暴力的拳头可以击碎一个人的骨头，而温和的语言却可以穿透一个人的灵魂。所以，与人交流观点可以坚定，但语气要温和。

▍▍ 建议的语气

当你需要别人替你做事时，最好用建议的语气替代指使或者命令的语气，让人心甘情愿地去执行你所说的，因为建议的语气是尊重的体现。举例"我建议今天把会开了，方便后续工作的进展。""我觉得这个项目适合你，你考虑一下看看。"

第四节

肢体沟通：态由心生，传情达意

　　肢体语言在人际沟通中扮演着很重要的角色，说话时加上肢体语言会让你的表达更加立体、更加到位。另外，在沟通交流中，很大部分信息都需要由肢体语言：站、坐、蹲、走、手势等默默地表达，因为姿态通常是一个人下意识的举动，所以，人们认为肢体语言比有声语言更真实，也更愿意相信姿态传递出来的"有效"信息。

态由心生，传情达意

董卿在《中华骄傲》的节目中，跪地采访轮椅上 96 岁的许渊冲老先生，3 分钟不惜 3 次下跪，为了与老人拉近距离，为了方便与老先生交流。当在交谈中老先生与她目光交流对视时，董卿为了表达敬意，而仰视老先生，所以跪得更低。因为尊重，所以下跪采访，董卿用肢体语言完美地表达了尊敬师长的传统美德，感动了全场观众，成为当天节目最大的动情点。"董卿跪地采访"在微博上也成了热搜，被广泛流传，网友们纷纷表示"这一跪的姿态，是最美的中华骄傲！"

肢体语言的三大部分

通过肢体语言可以读懂别人没说出的话，这种无声的语言有的时候比说出来的话更加真实，因为人的表情、姿态、言行举止里都蕴含着心理学的密码。通过身体语言可以了解到别人的真正意图，判断其真实心理和想法，读出别人没说出的话。

▋▋ 第一部分：头部姿势

①**仰头**：头部微仰 5 度，给人自信的印象，但头仰得太高，会让人感觉高傲、目中无人。

②**低头**：微微低头，下颌内收 5 度，是谦逊的表现。如果是在别人赞扬时低下了头，很可能表现为害羞或胆怯。所谓垂头丧气，低头幅度很大，很可能是情绪低落或缺乏自信的表现。

③**倾头**：下意识地倾头表示对某事物感兴趣。

④**点头**：面对面交流时，听众全神贯注地看着对方并点头，表示正在积极倾听。但如果听者过度点头，可能意味在伪装倾听，而注意力已经转移了。

▌ 第二部分：面部动作

表情

①**自然**：眉目舒展，面部肌肉放松，表现轻松自然。

②**愤怒**：脸部肌肉紧张，眼球直瞪，眉毛下垂，前额紧皱，眼睑和嘴唇收紧，代表发怒。

③**微笑**：脸部的眼轮匝肌、苹果肌、嘴角肌都会一起自然联动，眼尾会形成"鱼尾纹"。

④**轻蔑**：轻蔑的著名特征就是嘴角一侧抬起，脸部肌肉紧张、微微假笑表示不屑。

⑤**虚伪**：嘴唇故意裂开，做微笑状，但眼睛和脸颊没有任何的变化，整个表情看起来很假。

⑥**掩饰**：一般情况下，人的笑容持续的时间往往就在几秒之内，如果笑容凝固得太久，往往是想通过假笑来掩饰自己。

眼睛

①**瞳孔**：紧张害怕瞳孔会缩小；兴奋、感兴趣的时候，瞳孔会放大。

②**眼睛向左上侧看**：往往是大脑处于回忆状态，此时往往说真话，具有可信性。

③**眼睛向右上侧看**：往往是大脑处于想象状态，此时很可能说的是谎言。

④**眼神向上斜视**：一副满不在乎的样子，又或者是内心恐惧想通过此动作来实现自我的释压和安慰。

⑤**突然快速眨眼**：频率升高达到 10 次以上，很可能代表说谎、紧张和害怕。

⑥**眼神看向下方**：可以表达害羞或顺从，也可能是内疚、缺乏信心、掩饰情绪。

嘴唇

①**轻咬嘴唇**：代表认真思考或倾听。

②**紧咬嘴唇**：表示释放压力，表达内心不满和紧张。

③**噘嘴**：代表不满意、不认可或意见不同。

④**舔舐嘴唇**：面对面交流时，总是舔舐嘴唇，表明心理出现了极大的波动、紧张、焦虑不安。

⑤**一边嘴部翘起**：表示轻蔑、藐视和不屑一顾。

▌▌第三部分：身体姿态

①**身体后倾**：与人说话时身体向后倾，意味着不感兴趣或不自在。

②**身体前倾**：与人说话时身体微微前倾，表明对谈话的内容很感兴趣，并且十分投入。

③**抱臂**：无意识地抱臂并双手交叉交叠，意味着拘谨、拒绝、排斥，不想让人接近或表示内心的不满。

④**张臂**：张开双臂，表明对方持接纳的态度，乐于与人交流。

⑤耸肩：代表无所谓。耸肩并双手外摊，手掌朝上，代表不以为然或无可奈何。

⑥手插口袋：正式场合，站立的时候把手插入口袋，是懒散、不修边幅、百无聊赖的表现。

⑦触摸五官：交流过程中，反复触摸某个五官，从而分散注意力来寻求心理安慰，很可能是在说谎或者掩盖紧张的情绪。

⑧触摸颈部：手下意识地触摸颈部，表示对某事情感兴趣。

沟通时，人与人之间的身体距离也是肢体语言的重要表达

美国人类学家爱德华·霍尔博士为人际交往划分了四种距离，分别是：亲密距离、个人距离、社交距离、公共距离。

▍亲密距离

亲密距离是人际交往中最"亲密无间"的距离。一般间隔在15厘米～45厘米之间，非常容易触碰到对方。这种亲密的距离一般只适用于情感上联系高度密切的人之间，比如父母与子女、夫妻、伴侣、关系密切的好朋友等。对于陌生人、初次见面的人或不熟悉的人，人们会像保护自己的财产和领地一样保护着这个区域，以获得安全感，让自己免受伤害。所以，亲密距离不适合用于职场和一般的社交场合，只适用于日常生活中的亲人、爱人、恋人、知己之间。

▍个人距离

比亲密距离稍远一点，一般在45厘米～1米之间。其特点是伸手

可以握到对方的手，但不容易接触到对方的身体，适用于关系比较密切的同伴之间。身体上的接触可能表现为挽臂执手或促膝交谈，体现亲近友好的交往关系。通常熟人、朋友间的交谈多采用这种距离。在社交场合，某些人为了向对方表示亲近感也会采用这种距离。但如果关系没有到这个程度，而随意闯入这一空间，是不礼貌的，会很容易引起对方的反感。

▮▮ 社交距离

双方身体距离在 1 米左右，远的可达 3 米以上。这种距离正好能让双方隔 2 米远打招呼或寒暄几句，也可走近 1 米的距离相互亲切握手，在简单的交流中，如果双方相互有共同话题、相互之间有吸引力，也可以缩短距离，友好交谈。所以，这种社交距离非常灵活，可以广泛运用在职场商务交往和日常社交中。

▮▮ 公共距离

公共距离是为了保持距离的距离，为了人与人之间不相互影响、相互打扰。公共距离一般相距 3 米以上，因为没有直接的身体接触，说话时，需要更充分的目光交流，甚至也要适当提高声交流。比如：教师讲课与学生之间的距离等。这种距离也是陌生人在公共空间中的距离，相互之间因为没有任何交集无须交往，可以是视而不见的远离型距离，是人们在公共场合的空间需求，如公园散步、路上行走等。

第五节

面试沟通：言值得当，脱颖而出

　　面试沟通中，自我介绍的环节特别重要，甚至很多人认为，面试成败的关键在于自我介绍。其实，在人力资源的市场上，如果把自己比作产品，那自我介绍就等同于产品功能说明书。产品面市，是否有吸引力，除了产品外观，还要看产品的功能如何。面试中的自我介绍本质上是一次简短的自我推广，应该具备"广告"的作用。所以，在面试中，在自我介绍时，要言值得当，呈现亮点，脱颖而出。

面试自我介绍，亮点突出的四大策略

▋ 策略 1：能力与岗位需求高度匹配

要在面试沟通中脱颖而出，作为应聘者，我们要换位思考：对于面试官来说，面试是什么？是筛选完简历后，进一步确认应聘者是否是该岗位需要的人。对于面试官来说，希望招聘到什么样的应聘者？面试官希望应聘者的能力与应聘岗位相匹配，希望应聘者的潜力可以在工作中得到全面开发并把自身价值最大化，希望应聘者具备良好的表达能力，可以让日后的工作交流减少沟通成本，希望应聘者能与同事和谐共处，发展良好的人际关系。

没有亮点、泛泛而谈的自我介绍，注定无法吸引面试官，很容易被考官所忽视，导致面试失败。对于面试官来说，什么是有亮点，你的能力与应聘岗位需求不谋而合就是亮点。所以，突出描述你与岗位需求匹配的特点，作为最闪耀的点来展开自我介绍，是面试脱颖而出的关键。

如果你到目前为止还没有这样的亮点，也就是能力未到，那么，就要展示你的潜力，也就是软实力。你要针对岗位需求，认真寻找你自己身上有哪些对应的"软实力"。比如应聘产品销售的工作，此工作需要现成的人脉资源或快速拓展人脉资源的能力，而如果你是应届毕业生，就要重点展示你未被开发的潜力。因为产品销售需要性格热情开朗、做事认真负责，在面试时你若能通过实例表达出你是个亲切开朗、善于沟通、乐于交谈、受人欢迎的人，那么，你成功的概率就会比其他竞争者大很多。因为，让面试官看到你的潜力与岗位需求的能力一致，并且态度积极、愿意努力，让面试官充分相信，假以时日，你必定可以独当一面。

▌ 策略 2：用数据和实例赢得面试官的信任

在展开重点介绍时，一定不能只用概括性的语句或者词汇，要展现有事实支撑的技能，要有具体的例子或者经历来证明自己的工作能力。

比如不能只用"设计能力强""销售屡创佳绩"等来描述自己的能力，因为这些对于不了解你的素未谋面的面试官来说，很可能被误读为是空话、夸大其词的话。所以，要通过具体的事例、清晰的数字进一步说明，突出真实感。

例如，应聘设计师的工作，要突出设计能力，需举例你设计过什么爆款作品，作品的销量如何好，或者获过多少奖项，获过具体什么奖项等。在自我介绍中具体可以这样呈现：我设计过的手绘图案创意款 T 恤，在 ×× 平台月销售 15,000 件，成为当月同类产品的爆款。我积极参加设计比赛并斩获两个奖项：分别是 ××× 杯最具潜质设计师金奖和 ××× 杯设计大奖赛新锐设计师第二名。

例如，某本科毕业生应聘销售工作，要突出介绍：你曾经在某时间内销售某产品的业绩数额是多少，你创造过什么销售记录。在自我介绍中具体可以这样呈现：我在实习期间，业务能力出色，1 个月内就售出 ××× 件产品，销售额达到 ×××，为公司带来利润 ××× 元，在 100 位销售人员中排名第 1。

总之，在举例子的时候要尽量具体，并加上数据阐述，从而达到让面试官感觉真实可信的效果。

▌ 策略 3：巧用"STAR 模型"，让面试官对你充满信心

面试时，面试官很可能会套用 STAR 模型，对应聘者做出全面而客观的评价。STAR 是 SITUATION（背景）、TASK（任务）、ACTION（行动）和 RESULT（结果）四个英文单词的首字母组合。

"STAR 模型"主张"过去的行为是未来行为的最好预言"，从过去的行为中判断讯息是否是真实的，而不是应聘者的胡编乱造、夸夸其谈。同时，面试官会通过你阐述过去的行为来判断你自我介绍的真实性，并预测你将来在应聘岗位上的表现。

所以，巧用"STAR 模型"，了解面试官的思路和想法，在准备自我介绍时，有所侧重、扬长避短，让自己脱颖而出。

S: 代表背景 (situation)：当面试者阐述取得什么成绩、拥有什么能力时，面试官会希望你讲清楚相关的背景信息，从而判断面试者获得的成绩有多大比重与其能力有正向联系，有多少比重是因为市场的状况、行业的特点等外界因素造就的。

T: 代表任务 (task)：当应聘者阐述在过去承担了什么具体任务，面试官会通过任务的具体内容，了解面试者过去的工作经历和经验是否与应聘职位匹配。

A: 代表行动 (action)：面试官会了解应聘者为了完成某个目标和任务，采取过什么有效的行动，以便进一步了解其思维方式和工作方式。

R: 代表结果 (result)：面试官根据应聘者在过去完成的任务中取得什么样的结果，结果是否令人满意及其具体原因等，以进一步判断面试者的价值。如果在完成任务的过程中，条件越艰难，任务越艰巨，越能体现你行动力的有效性，越能判断你的能力是否越强。所以，在

阐述结果时，"结果"可以是你的成绩、成就、收获，也可以是你的学习与成长。

▌ 策略 4：应聘的岗位与你职业规划的重合度高

策略 1、2、3，旨在表明你的能力很适合某公司某岗位，而策略 4，意在表明你目前应聘的某公司某岗位很符合你的求职愿景，同时也表明你的求职意图很清晰合理，让面试官对你入职后的工作稳定性更有信心，也因为你有长远的职业规划，表明你职场思维的专业度：有思想、有计划、有目标、有方向。如果你应聘上这个职位，是你和公司双赢的结果。

成功的自我介绍四大原则

▌ 原则 1：语言精简

长句变短句，让人听起来轻松舒服，把自我介绍时间控制在 3~5 分钟之内。字数控制在 400~600 字之间，大概 20~30 句话。不要长篇大论，以免言多必失，让面试官失去认真听的耐心。

▌ 原则 2：框架简练

黄金三段论：简单开头、内容充分、结尾升华。

第一段：开门见山，简述个人基本情况。

第二段：重点说明与岗位需求匹配度高的经历、经验、能力等。

第三段：表达自己能胜任岗位的信心和决心，最后用礼貌道谢结尾。

▌▌ 原则 3：取舍得当

自我介绍时要避免复述简历。要明确简历与自我介绍的区别，相对于自我介绍，简历是面面俱到地描述自己，目的是让面试官形成对你的整体评价。而自我介绍就是突出重点的描述，来展示自己的亮点和与岗位需求匹配的能力。所以，简历上有的，就基本无须重复去介绍，或者一语带过即可。

▌▌ 原则 4：自信亮相

成功的自我介绍，是自信亮相，是恰如其分地表达自己，让面试官刮目相看。

肢体语言表达自信

尽量挺胸抬头走到面试官前，在自我介绍开始前，先和面试官点头微笑，并进行友好的眼神交流。待面试官示意你坐下，你的目光可以凝视面试官面部的社交凝视区，然后开始自我介绍。

放慢语速表达自信

人在紧张的时候语速会不自觉地加快。所以，要时刻提醒自己放慢语速，这样做除了可以清晰表达让面试官听清楚以外，还是自信的表现。

抑扬顿挫表达自信

语音语调抑扬顿挫、铿锵有力，在字里行间中充分体现你的自信以及对生活、对工作的积极和热情。

精心准备、自信满怀

面试前，精心准备、反复训练成就自信。在反复训练自我介绍的过程中，最好对镜训练，因为除了要熟悉内容和框架以外，还可以对镜训练挺拔的体态、自信的眼神、微笑的表情等，通过反复训练，让自己胸有成竹，自信满满。

第六节

会议沟通：胸有成竹，高效沟通

在工作中，各种各样的会议名目繁多，文山会海，而开会最忌讳的是只有形式不求效率、没有结果，就像曾仕强教授所说的"议而不决，决而不行，行而不果"。

其实，会议是重要的群体沟通方式，是一对多的沟通交流方法，必须讲究效率。会议沟通要高效，就要做到会前未雨绸缪、准备充分；会中逻辑清晰、流畅表达；会后不忘总结、执行到位。

会前未雨绸缪

开会最大的成本是时间成本，高效的会议节省时间解决问题，失败的会议浪费时间增加问题。在职场中，每个人的价值体现是在有效的时间内创造出价值，转化成利润。因为，每个人的时间都是宝贵的，所以要尽量节省彼此的时间，高效沟通，为此就要做到会前准备、未雨绸缪。

要明确会议的目的、会议的主题、会议的具体内容和议程、会议的时间安排、会议要达到的效果等，并切实落实到会前资料的收集与准备、人员的安排与通知、会议室的准备与布置等。

会中高效表达

▮‖ 高效沟通，让别人做选择题而不是问答题

会议沟通的目的是解决问题，所以，面对问题你要先有自己的答案，先做好基础调研筛选工作，并且最好提供 2~3 个解决问题的建议或方案，以备大家讨论、表决，选择和决定。这样做，既表达你的努力、实力、能力，又节约大家漫无目标的思考问题的时间。

▮‖ 结论先行，说明后述

会议发言，先亮出你的观点，表达你的态度和想法，再说具体的

步骤、方法，来龙去脉等。先观点后说明的沟通方式，让人直观了解你要传递的观点，既清晰又高效。

高效沟通，逻辑清晰

逻辑清晰，罗列重点，归纳总结出1、2、3等要点，更精简地向别人传达信息，把最有效的信息传达出来，尽可能降低对方的理解接收成本。比如：告诉大家"为了完成目标，我们要分3步走"或"针对这个问题，我要说3个重点"，让对方明确了解你的逻辑架构，对你的内容有直观的感受，吸引对方跟着你的思路循序渐进地进入专注倾听的状态。

高效沟通，尊重必行

把发言时间控制在合理的范围内，克服自我为中心的人性弱点，不要总想占主导地位，发言在精不在多。

耐心倾听他人的发言，不要匆忙下结论，不要急于评价对方的观点，不要急切地表达建议，不插话、不打断，让他人先把话说完，可用身体语言和面部表情回应，是尊重他人的体现。

营造和谐的会议气氛，冷场时主动邀请沉默的同事发言；同事发言精彩，不吝惜掌声表达赞美；如他人发言有意见不一致，就事论事和平提出意见。

会后总结，巩固成果，追踪执行情况

会议结束前要总结讨论结果，还应安排好未尽事宜，落实具体人员负责相关事宜；最后应安排实施所制定的决策的步骤，还有会后应采取的行动、追踪执行情况，并对完成时间做出限定。

图为作者在中国电信漯河分公司进行礼仪培训

图为作者在资本市场学院做礼仪培训（左一为作者）

后 记

献给努力修炼气质的你

如果说优雅取悦眼睛，那么气质则能感染灵魂。优雅是视觉的享受，气质是内外兼修的吸引力，以神形兼备的姿态，唤醒人们内心的美好。所以，气质超群的人，光彩照人、受人尊重，让人难以忘怀。

2019 年，97 岁的秦怡获得"人民艺术家"国家荣誉称号，是跨越两个世纪的殿堂级的表演艺术家。

如今，这位年近百岁的老人，仍然妆容精致、端庄大方、神态从容、眼神清澈，历经岁月年华而沉淀出的优雅气质，令人见之忘俗。岁月赠予她的满头银发，就像是给她加冕的皇冠，璀璨悦目。

人民艺术家秦怡用一生告诉我们：气质的内涵是品德，是深入骨髓的人格魅力。

如果说优雅是花朵，那么气质是根茎，但无论是优雅还是气质，都需要礼仪来源源不断地灌溉和滋养。因为礼仪是一种约定俗成的行为规范，某种层面上是优雅最好的度量衡，是培养和熏陶品德修养的摇篮，是气质修炼的方向盘。

礼的最高标准是德，"惟德动天，无远弗届"。学礼、尚德，让自己拥有敬人之心，与人为善、成人之美、乐于助人，并通过仪表、仪容、仪态、仪式、仪礼等恰到好处地表达于人，让别人舒服、让自己舒心，由此，我们将由内而外散发出迷人的气质。

经常旅居英国的我，每每发现很多英国人与众不同的教养理念：给孩子的不是物质，是气质！

比如，在惬意的下午茶时光中，英国人会用家族传承的昂贵茶具来招呼客人，在我看来，不菲的茶具真正的价值不在于价格，而在于孩子们因为茶具的矜贵，自己喝茶的时候小心翼翼，在给人倒茶的时候谨慎周到，从而无形中培养了小绅士、小淑女的行为习惯。也正是这样，反复的行为变成习惯，良好的习惯塑造成品格，品格日久呈现出气质。

同样地，优雅的动作做 1000 次，我们会慢慢优雅；粗俗的动作做 1000 次便会呈现粗俗。同理，我们每天精心修饰自己，每一次亮相都衣着得体、妆容精致，站如玫瑰般自信挺拔、坐如牡丹般端庄大方、形如茉莉般款款轻盈，把自己的优雅当成品牌来经营，气质自来。气质就是你无数次举手投足、一颦一笑叠加出来的魅力，由外在的仪表、仪容、仪态，反作用于内心、转化成能量、释放出灵魂的香气，并传递到他人心灵的一种美好的印象和感受，是一种积极的能量传递。

对于气质的修炼，无论是由内而外的、从培养品德到魅力传递；还是由外到内的、从训练行为到习惯渗透，在我十余年的教学生涯中，通过学员朋友们的反复实践和反馈，两种路径异曲同工，两种方式若是相辅相成更是卓有成效。

所以，我诚挚地邀请大家一起学习礼仪，并让礼仪成为我们的软实力，应用到生活、工作、社交中，通过礼仪培养一颗敬人之心，让我们内外兼修、神形兼备、表达得体、处事圆融、应对有谱、进退有度，让心灵深处的美好逐渐升华成可贵的人格魅力，沉淀出优雅的气质，活出生活的质感，收获精彩的人生。